Zu diesem Buch

Mehrere Arbeiter – so meldeten die Zeitungen und Nachrichtensendungen im März 1987 – seien durch hochangereichertes Uran in der Atomfabrik Nukem verseucht worden. Wenige Tage später meldete die Plutoniumfabrik Alkem einen Defekt im sogenannten «Handschuhkasten» mit einer «geringfügigen Freisetzung von Radioaktivität an einem Arbeitsplatz». Es bestehe zwar Verdacht auf Strahlenbelastung bei einem Mitarbeiter, doch liege diese «weit unterhalb des zulässigen Grenzwerts».

Dieses Buch widerlegt die Behauptung, daß bei Einhaltung solcher «zulässigen Grenzwerte» keine Gefahren bestünden. 1980 wurde der Arzt Benno Splieth mit einem ebenfalls durch einen Handschuhdefekt Plutonium-kontaminierten Patienten konfrontiert. Auch ihm war zehn Jahre vorher, als der Unfall passierte, mitgeteilt worden, die Messungen hätten Werte ergeben, die weit unter den zulässigen Grenzwerten lägen. Als der Patient 1982 starb, konnten in sämtlichen untersuchten Körperorganen noch Spuren von Plutonium nachgewiesen werden.

Der Autor zeigt:

1. Es gibt keine «risikofreien» Grenzwerte, unterhalb derer keine Gefahr für Leben und Gesundheit bestünde.

2. Plutonium ist eine der giftigsten Substanzen überhaupt. Millionstel Gramm einzuatmen kann schon den Tod bedeuten.

3. Die Einhaltung solcher Grenzwerte zu messen und zu kontrollieren ist fast nicht möglich.

Der Autor trägt das medizinisch bisher bekannte Wissen über Plutonium zusammen, diskutiert die Fragwürdigkeit der Unbedenklichkeitsannahmen von Grenzwertkonzepten, zeigt die Krebsgefahr für Arbeiter in Nuklearanlagen und die langfristigen Gefahren von Strahlenschäden.

Benno Splieth ist 1956 geboren.

Benno Splieth

Plutonium

Der giftigste Stoff der Welt

Rowohlt

rororo aktuell – Herausgegeben von Freimut Duve

Redaktion Ingke Brodersen

Veröffentlicht im Rowohlt Taschenbuch Verlag GmbH,
Reinbek bei Hamburg, April 1987
Copyright © 1987 by Rowohlt Taschenbuch Verlag GmbH
Reinbek bei Hamburg
Alle Rechte vorbehalten
Umschlagentwurf: Jürgen Kaffer / Peter Wippermann
Satz Times (Linotron 202)
Gesamtherstellung Clausen & Bosse, Leck
Printed in Germany
980-ISBN 3 499 15927 9

Inhalt

Vorbemerkung der Redaktion

Erst war es ein Arbeiter, dann waren es acht, wahrscheinlich sind es noch mehr, die in der hessischen Atomfabrik Nukem mit Plutonium verseucht wurden. Mit Plutonium aber darf bei Nukem gar nicht hantiert werden. Eine Menge hochangereicherten Urans, aus dem Kernforschungszentrum Karslruhe geliefert, sei schuld daran – so der Nukem-Geschäftsführer – «wir verlassen uns auf die Deklaration der Lieferanten».

Etwas später meldete die Schwesterfirma Alkem, die als einziges Unternehmen in der Bundesrepublik Plutonium verarbeiten darf, einen Defekt im sogenannten «Handschuhkasten» mit einer angeblich nur »geringfügigen Freisetzung von Radioaktivität an einem Arbeitsplatz». Es bestehe Verdacht auf Strahlenbelastung eines Mitarbeiters, die jedoch «weit unterhalb des zulässigen Grenzwertes» läge.

Vor wenigen Tagen berichtete die *taz*, daß die bayerische Staatsregierung der KWU den Umgang mit einem Plutoniumgemisch in ihrem Versuchslabor Karlstein gestattet hat, obwohl das Atomgesetz eine Beteiligung der Öffentlichkeit für die Genehmigung von Anträgen auf Plutomiumverarbeitung zwingend vorschreibt.

Daß es keine lückenlosen Sicherheitsvorkehrung gibt, daß die hohen Sicherheitsstandards, die in der Bundesrepublik beim Umgang mit dem ultragiftigen Stoff oder bei seinem Transport gelten, im Ernstfall Makulatur sein werden, haben die Kritiker des Einstiegs in die Plutoniumwirtschaft schon immer behauptet.

Plutonium ist einer der giftigsten Stoffe, die dem Menschen bekannt sind. Millionstel Gramm können – wenn sie eingeatmet werden – zum Tode führen, milliardstel Gramm eine hochgradige Krebsgefährdung mit sich bringen. Die Einhaltung solcher Grenzwerte ist kaum zu überprüfen, wenn schon winzigste Mengen lebensgefährlich sind!

Die beantragten oberen Grenzwerte für Ableitungen in der Kaminluft liegen für die Wiederaufarbeitungsanlage Wackersdorf pro Jahr bei 225 Millionen Becquerel Plutonium 238, 16 Millionen Becquerel Plutonium 239 und 34 Millionen Becquerel Plutonium 240. Hinzu kommen die Ableitungen aus dem Abwasser.

Wenn schon Atomkraftwerke nicht beherrschbar sind und im Ernstfall die Bewältigung von Unfällen – wie in Tschernobyl – nur möglich ist, indem Menschen, jene als «Helden» deklarierten sowjetischen Arbeiter, entweder freiwillig oder gezwungenermaßen ihr Leben hergeben müssen – dann ist der Einstieg in den Plutoniumkreislauf, der mit Wackersdorf auch in der Bundesrepublik vollzogen werden soll, die Androhung eines Risikos, für das niemand die Verantwortung übernehmen kann.

Reinbek, den 25. März 1987

Widmung

Dies Buch widme ich

den Kinderärzten, die sich aus Sorge in Strahlenbiologie öffentlich sachkundig gemacht haben

den Politikern, die nicht wahltaktisch vom Umstieg in den Ausstieg als Einstieg reden

den Lesern, die sich lieber selbst um Argumente bemühen und die Bildzeitung abbestellen

den Gewerkschaftern, die nicht mehr mit dem Arbeitsplatzargument jedweden Arbeitsinhalt billigen

dem Atommanager, der seinen Job wechselt

dem Uran schürfenden Bergmann aus Namibia mit Lungenkrebs und all denen, die sich nicht aus der persönlichen Verantwortung stehlen

Schließlich Herrn Dr. med. Karsten Vilmar, dem Präsidenten der Bundesärztekammer, dessen beschwichtigende Aussagen im Verein mit der Elektroindustrie mir erst den Anstoß zu diesem Buch gaben.

Zu den Autoren:

Ich wurde 1956 in Iserlohn geboren und studierte von 1977–1984 Medizin und Soziologie in Marburg. Mein Interesse für Plutonium begann, nachdem ich einen Krebspatienten kennengelernt hatte, der befürchtete, aufgrund eines Arbeitsunfalls mit diesem radioaktiven Element erkrankt zu sein. Da außerhalb der Kernforschungszentren kaum jemand über die medizinischen Konsequenzen von Plutonium Bescheid wußte und ich dieses Thema für künftig zunehmend bedeutsam hielt, begann ich an der nuklearmedizinischen Universitätsklinik Marburg eine Doktorarbeit über den Stoffwechsel und die Schwierigkeiten der Dosisberechnung von Plutonium zu schreiben.[22] Danach arbeitete ich an einem vom Bundesministerium für Forschung und Technologie geförderten und vom DGB geleiteten Projekt zum Thema «Arbeitsbedingungen in Wiederaufbereitungsanlagen».[76]

Das vorliegende Buch entstand unter wesentlicher Mitwirkung von Anne Blum, 1958 in Wesel geboren, die nach Abschluß ihres Medizinstudiums in Marburg gemeinsam mit Prof. Kuni den medizinischen Teil des erwähnten Forschungsprojektes federführend weiterbearbeitete und hierüber auch promovierte.[240] Ihr verdanke ich wichtige Informationen und Argumentationsmuster. Beide sind wir derzeit als Ärzte in der klinischen Medizin tätig und möchten uns für das Engagement, die Anregungen und die Hilfe bei der Arbeit herzlich bedanken bei Rainer Bussmann (Kinderarzt), Alfred Cassebaum (Arzt, Soziologe), Dorle Forbeck (Soziologin), Giese Kayser Gantner, Horst Kuni (Prof. Nuklearmedizin Marburg), Bodo Ronzheimer (Theologe), Martin Seip (Dipl.-Ing. Immissions- und Strahlenschutz) und Katja Weber (Ärztin).

Benno Splieth

Der Anlaß und die Argumente

Wenige Tage nach der Reaktorkatastrophe von Tschernobyl war in der *Frankfurter Rundschau* eine halbseitige (!) Anzeige[1] zu lesen, die drei Kernaussagen enthielt:

1. «Die biologischen Auswirkungen der Radioaktivität auf den Menschen und seine Umwelt sind weitgehend bekannt.

2. Aus ihnen wurden u. a. die Grenzwerte für eine Strahlenexposition abgeleitet.

3. Nach Einhaltung dieser Grenzwerte kann nach derzeitigem Wissen eine Schädigung der Gesundheit ausgeschlossen werden.»

Unter der Überschrift: «Die Elektrizitätswirtschaft informiert» war diese Anzeige erschienen, unterzeichnet vom Präsidenten der Bundesärztekammer.

Die oben zitierten Aussagen veranlassen mich zu entschiedenem Widerspruch, denn:

● Als Bürger beschleicht mich ein Unbehagen, wenn ärztliche Unbedenklichkeitserklärungen ausgegeben werden, deren Verbreitung offensichtlich von der Atomindustrie bezahlt wird.

● Als Wissenschaftler habe ich mich jahrelang mit Plutonium und Problemen von Niedrigdosis-Strahlung befaßt und weiß, daß hier die Unwahrheit gesagt wird.

● Und auch als Arzt muß ich widersprechen, denn ich glaube zwar, daß dreißig Zigaretten täglich langfristig gefährlicher sind als drei am Tag, dennoch würde ich nie auf die Idee kommen (noch dazu mit Signum der Tabakindustrie), zu sagen, die Zigarette nach den Mahlzeiten sei völlig unschädlich. Schließlich weiß jedes Kind, was der Bundesgesundheitsminister auf jede Zigarettenpackung schreiben

mer zu Tschernobyl

rührt und beunruhigt. Sie stellt verständlicherweise die Frage nach den Folgen für die Gesund-
gen ihrer grundsätzlichen Bedeutung allen Stromverbrauchern zur Kenntnis geben möchten:

ahlreicher Erkrankungen die Anwendung ionisierender Strahlung unverzichtbar ist. Bei
er Planung zukünftiger Maßnahmen zum Schutz gegen eine erhöhte Strahlenexposition
uß der Sachkunde der Vorrang vor allen anderen Überlegungen, insbesondere kurzsich-
gem Parteienstreit eingeräumt werden.

ie Strahlenschutzkommission beim Bundesminister des Innern hat wiederholt fundierte
eurteilungen der vorliegenden Fakten der Öffentlichkeit mitgeteilt. Ihre detaillierte Empfeh-
ng vom 15. und 16. Mai 1986, die sich mit besonders drängenden Fragen befaßt, sollte in
eitaus größerem Umfange als bisher beachtet werden, um die Diskussion über die gesund-
eitlichen Folgen von Tschernobyl/UdSSR zu versachlichen. Diese Empfehlung wird im
eutschen Ärzteblatt veröffentlicht, so daß alle Ärzte ihre Patienten nach dem Stand neuester
rkenntnisse beraten können.

e Bundesärztekammer regt an, kritisch zu prüfen, wie in Zukunft die Beachtung der von der
trahlenschutzkommission festgelegten Richtwerte durch die politisch Verantwortlichen
ewährleistet werden kann. Die in Bundesländern und Kommunen unterschiedliche Fest-
etzung von Grenzwerten und die sich teilweise widersprechenden Empfehlungen nach dem
ernkraftwerksunglück haben zu einer erheblichen Beunruhigung der Bevölkerung geführt.
erade auf dem schwierigen Gebiet des Strahlenschutzes sind aber für die Bevölkerung
are Angaben und Aussagen unerläßlich.

s wichtigste Konsequenz aus dem Kernkraftwerksunfall in der UdSSR ergibt sich die
orderung, die Sicherheitsvorkehrungen bei der Nutzung der Kernkraft sorgfältig zu über-
rüfen und – wo immer nötig und möglich – weiter zu verbessern. Die jetzt erfolgte Konzentration
er Zuständigkeit in dem neugeschaffenen Bundesministerium für Umwelt, Naturschutz und
eaktorsicherheit ist dafür eine wichtige Voraussetzung in der Bundesrepublik Deutschland.
e Bundesärztekammer unterstützt ferner uneingeschränkt den Vorschlag des Bundeskanz-
rs, auf einer internationalen Konferenz aller kernkraftnutzenden Staaten die notwendigen
cherungsmaßnahmen verbindlich zu vereinbaren.

r. med. Karsten Vilmar, Präsident.“

ktrizitätswerke – e. V., Frankfurt

läßt – und analog zum Rauchen gefährdet auch jede radioaktive Strahlung Ihre Gesundheit.

Wenn ich aber offiziellen Verlautbarungen der Bundesärztekammer entgegentrete – und damit auch den gleichlautenden Aussagen vom Bundesinnenministerium und der Strahlenschutzkommission[2] –, so bedarf es dazu einer gut abgesicherten, unpolemischen und wissenschaftlichen Argumentation, die in den folgenden fünf Abschnitten entwickelt werden soll:

Das *erste Kapitel* beschreibt äußerst fragwürdige Menschenversuche mit Plutonium, erläutert die medizinischen Sachverhalte und daraus abgeleitete Erkenntnisse und hinterfragt die gängigen Grenzwertkonzepte hinsichtlich ihrer gesundheitlichen Unbedenklichkeit und ihrer Überprüfbarkeit.

Kapitel zwei vertritt – in striktem Gegensatz zu der ersten Aussage der Anzeige – die These: Biologische Auswirkungen von Niedrigdosis-Radioaktivität auf den Menschen und seine Umwelt sind weitgehend *unbekannt*. Das medizinisch bekannte Wissen zu den Auswirkungen solcher Strahlung wird in diesem Teil rekapituliert. Erhobene Daten und vorhandene Wissenslücken werden einander gegenübergestellt und die Strittigkeit von Risikoabschätzungen erläutert.

Kapitel drei beschäftigt sich mit den Grenzwerten: Wen schützen sie wovor? Was bleibt ungeschützt? Was ist das «Restrisiko»? Welche Kriterien gehen «unter anderem» in die Grenzwertsetzung ein? Die Behauptung, bei Einhaltung der Werte bestehe keine Gefahr mehr, wird widerlegt.

Kapitel vier handelt von den Ursachen des Expertenstreits um Grenzwerte und Risikoabschätzungen und von den Interessen, die in die jeweiligen Positionen eingehen. Besonderes Augenmerk gilt dabei der Strahlenschutzkommission und ihrer Grätsche zwischen wissenschaftlicher Wahrheitsfindung und Beschwichtigungspolitik.

Kapitel fünf zeigt anhand vieler Beispiele auf, wie die Radioaktivität in immer mehr Bereiche unseres Lebens eindringt. Die kontinuierliche Zunahme künstlicher Strahlung führt aber nicht nur nahezu unmerklich zu langfristigen Folgeschäden für die menschliche Gesundheit, sondern auch immer wieder zu akuten persönlichen Tragödien.

Insgesamt wird in aller Konsequenz am Beispiel des hochgiftigen Stoffes Plutonium erläutert, welche Dimensionen die sich addierenden Fahrlässigkeiten im medizinischen, politischen und administrativen Umgang mit diesem radioaktiven Element erreichen.

Plutonium: Unwissen und Unwesen

Im Juni 1980 stellte sich in der Marburger nuklearmedizinischen Poliklinik ein 55jähriger Mann vor, nennen wir ihn Herrn Z., der schwer an den Symptomen einer bösartigen Erkrankung litt. Bereits 1978 war bei ihm eine lymphatische Leukämie festgestellt worden, die genauere Diagnostik ergab später ein «Non Hodgkin Lymphom mit leukämischer Ausschwemmung» – also Blutkrebs, ausgehend vom lymphatischen System.

Überraschend warf der Patient damals die Frage auf, ob seine Erkrankung möglicherweise verursacht worden sei durch einen Arbeitsunfall bei EURATOM, einer Forschungsgesellschaft der Europäischen Gemeinschaft, die in der belgischen Stadt Mol einen Reaktor betreibt.

Dort hatte der Patient 14 Jahre lang mit Plutonium hantiert und war 1970 kontaminiert worden. Nähere Nachfragen ergaben jedoch, daß bei ihm nicht nur eine direkte Hautberührung mit dem radioaktiven Material (Kontamination) stattgefunden hatte, sondern Stuhl- und Urinmessungen bei ihm hatten gezeigt, daß Plutonium auch ins Körperinnere gelangt war (Plutonium-Inkorporation), und zwar über die Atemluft.

Da grundsätzlich ein Zusammenhang zwischen radioaktiver Strahlung und gehäuftem Auftreten von Leukämie bzw. auch von Plutonium und Lymphkrebs bekannt ist[3,4,5,6], ließen wir uns den Unfallhergang zunächst näher erzählen, und Prof. Kuni von der nuklearmedizinischen Universitätsklinik Marburg nahm sich des Falles an. Der Patient hatte sich in Abendkursen zum Chemieingenieur weitergebildet. Durch Vermittlung eines Bekannten wurde er Mitarbeiter im In-

17

stitut für Kernmessungen, einer der EURATOM beigeordneten Dienststelle. Dort hatte er von 1959 bis 1973 regelmäßigen Umgang mit radioaktiven Schwermetallen, insbesondere Plutonium, Americium und Uran. Von dem extrem giftigen Plutoniumoxyd verarbeitete er nach eigenen Angaben zwei bis drei Gramm täglich. Das Element wurde nach Auflösung in Salpetersäure in Acetat überführt und mußte nach erneuter Lösung in Methylalkohol in fein vernebelter Form auf Trägersubstanzen aufgesprüht werden. Diese Träger, sogenannte «Targets», bildeten Zielscheiben zum Beschuß mit Neutronen, um weitere künstliche Transuranelemente herzustellen, eine Forschungsrichtung, die damals von militärischem Interesse war.

Die Industrie kennt natürlich die Risiken von Plutonium, und da mit diesem Material inzwischen weltweit im Tonnenmaßstab gearbeitet wird, bedarf es fast unvorstellbar hoher Rückhaltequoten, das heißt, daß von den verarbeiteten Tausenden von Kilogramm nicht einmal milliardstel Gramm aus dem Produktionskreislauf in die Umwelt gelangen dürfen.

Herr Z. verarbeitete deshalb sein Plutonium in geschlossenen Glaskästen, in die langärmelige Handschuhe eingelassen sind, in welche man von außen mit den Händen hineinfahren kann, um im Inneren einer solchen «Handschuhbox» die gewünschten chemischen Manipulationen vornehmen zu können. Die Raumluft des Arbeitsraumes wurde durch einen Monitor, drei Meter vom Arbeitsplatz des Patienten entfernt, auf Strahlung überwacht. Wegen Lärmbelästigung war er jedoch häufig abgestellt. Dieser Luftmonitor hatte am 9. September 1970 Alarm ausgelöst. Die Arbeiter an den Handschuhboxen, unter ihnen Herr Z., verließen fluchtartig den Raum. Das angelernte Schleusenpersonal, dessen Inkompetenz allen bekannt und Gegenstand häufiger Spötteleien war, nahm Wischproben ab, die eine Kontamination ergaben. Der Handschuhanschlußring des Patienten war undicht geworden.

Herr Z. wurde daraufhin untersucht und einer Ganzkörpermessung im belgischen Kernforschungszentrum unterzogen, die keine Ergebnisse brachte, für Plutonium aber auch gar keine Ergebnisse bringen konnte, denn als Alpha-Strahler hat Plutonium im Gewebe eine so geringe Reichweite, daß man es von außen so direkt nicht messen kann. Weiterhin wurden eine Stuhl- und acht Urinproben untersucht. Der zuständige ärztliche Dienst der Kommission der Europäischen Gemeinschaft teilte dem Patienten mit, die Detektormessung habe nichts ergeben, die Ausscheidungsaktivitäten lägen weit unter der zulässigen Norm. Der Patient nahm daraufhin seine Arbeit wieder auf, bis er 1973 wegen eines Herzinfarktes vorzeitig berentet wurde.

18

Plutonium – Ultragift

1 Gramm (1 g) = 1/1000 kg
1 Milligramm (1 mg) = 1/1000 g
1 Mikrogramm (1 μg) = 1/1000 mg (1 millionstel Gramm)
1 Nanogramm (1 ng) = 1/1000 μg (1 milliardstel Gramm)
1 Pikogramm (1 pg) = 1/1000 ng (1 billionstel Gramm)

Plutonium ist eine der giftigsten dem Menschen bekannten Substanzen überhaupt.[7] Man muß es, um zu Tode zu kommen, nicht grammweise zu sich nehmen (wie Rattengift) – es auch nicht in Milligramm dosieren (wie manche Medikamente), sondern Akuteffekte mit Entzündung (Pneumonitis) und Strahlenfibrose der Lunge treten schon im Mikrogrammbereich auf, wenn also nur etliche millionstel Gramm eingeatmet werden. Langzeiteffekte, wie Jahre bis Jahrzehnte später auftretender Lungenkrebs, können jedoch schon bei Nanogramm-Mengen auftreten.[8] Wie viele solcher milliardstel Gramm nun letztlich vonnöten sind, um den Menschen hochgradig mit Krebs zu gefährden, ist nicht genau bekannt. Untersuchungen amerikanischer Wissenschaftler ergaben jedoch, daß 3240 milliardstel Gramm von in die Lungenbläschen geatmeten Plutonium 239 ausreichten, um bei nahezu 100 Prozent der damit belasteten Hunde zum vorzeitigen Krebstod zu führen.[5] Die Untergrenze, bei der noch alle Tiere an Krebs sterben könnten, schätzt Park auf 1134 milliardstel Gramm, was 2590 Becquerel entspricht, also einer Menge Plutonium, die dem Lungengewebe 2590 radioaktive Zerfälle pro Sekunde während der nächsten Jahre zumutet.

Hält man nun den Menschen vorsichtshalber für ebenso strahlensensibel wie den Hund und will man ihm eine 100prozentige Krebssterblichkeit nicht zumuten (die internationale Strahlenschutzkommission gestattet als zulässiges Berufsrisiko höchstens 5 zusätzliche Krebsfälle pro 10000 Atomarbeiter, also eine zusätzliche Krebssterblichkeit von 0,5 Promille), so muß man Menschen davor schützen, Plutonium im Bereich weniger milliardstel Gramm (Nanogramm) einzuatmen.

Daher begrenzt die deutsche Strahlenschutzverordnung die jährliche höchstzulässige Menge an eingeatmetem Plutonium 239 für Atomarbeiter auf 160 Bq (Becquerel = Zerfälle pro Sekunde), das entspricht 70 Nanogramm.

Für die Normalbevölkerung liegt der jährlich zulässige Plutoniumgrenzwert sogar nur bei 421 Pikogramm, also etwa einem halben milliardstel Gramm, was etwa 1 Bq (einem Zerfall pro Sekunde) entspricht.

Man kann sich lebhaft vorstellen, wie schwierig die Einhaltung solcher Grenzwerte zu messen und zu überprüfen ist.

Für Tschernobyl kann man entsprechend berechnen, daß eine nur drei Tage lang mit Plutonium geschwängerte Luft (bei einem Atem-Minuten-Volumen von 7 Litern) nicht mehr als 0,03 Bq pro Kubikmeter Luft enthalten darf, sonst würden die zulässigen Grenzwerte überschritten. Wenn Pressemeldungen daher von «sehr kleinen» Plutonium-meßergebnissen sprechen, vermißt man doch sehr die exakten Zahlen, denn «klein» bedeutet – wie man sieht – nicht notwendig belanglos, und selbst winzigste Plutoniummengen können gefährlich sein.

Um zu klären, ob in seinem Fall eine Berufskrankheit vorläge, wurde Herr Z. 1978 gebeten, einige weitere Stuhl- und Urinproben auf Plutonium untersuchen zu lassen. Außerdem forderten wir, als wir 1980 mit dem Fall konfrontiert wurden, bei EURATOM seine Krankenunterlagen mit den damaligen Meßergebnissen an, um die Rechnung nachvollziehen zu können, aufgrund derer der Unfall damals als harmlos eingestuft worden war. Daraufhin erlebten wir zwei Überraschungen: Auch acht Jahre nach der Nuklid-Inkorporation ließen sich noch überhöhte Plutoniumwerte im Urin und Stuhl des Patienten nachweisen – und: Die Krankenunterlagen von Herrn Z. wurden uns nicht überlassen.

Dies schien nicht akzeptabel, ja sogar illegal zu sein. Als Prof. Kuni sich daraufhin an den hessischen Sozialminister wandte, erfuhr er, daß deutsche Behörden keine Möglichkeit hätten, die Herausgabe von Krankendaten von der EG-Kommission zu erzwingen. Der eigene werksärztliche Dienst bei EURATOM sei die einzige ärztlicherseits zuständige Behörde.

Dem Wunsch des Patienten auf Einsicht in seine Akten und auf einen Arzt seines Vertrauens konnte nicht Rechnung getragen werden. In diesem Fall nun kommt hinzu, daß der behandelnde Werksarzt gleichzeitig oberster Gewerbeaufsichtsarzt der Europäischen Gemeinschaft war. In dieser Funktion obliegt ihm die Kontrolle über die Einhaltung arbeitsmedizinischer Vorschriften in den Betrieben der Europäischen Gemeinschaft. Mithin kontrollierte er sich in seinem Verantwortungsbereich selbst.

Inzwischen hatte der Patient mit einigen seiner alten Arbeitskollegen telefoniert und sich die gewünschten Daten schließlich selber beschafft. Er fiel aus allen Wolken, als ihm mitgeteilt wurde, schon damals hätten die Ausscheidungswerte weit über den zulässigen Normgrenzen gelegen. Als wir nun dieses Material sichteten, mußten wir feststellen, daß die Plutoniumanalysen unregelmäßig, unvollständig und unzureichend erhoben worden waren. Erst acht Tage nach dem Unfall war die erste Urinmessung erfolgt, erst drei Wochen später die erste Stuhlanalyse mit sehr deutlich erhöhten Werten. Nasen/ Rachenabstriche waren überhaupt nicht durchgeführt worden, obwohl dies in jedem Lehrbuch für «Strahlenschutzermächtigte Ärzte» empfohlen wird. Ebenso fehlte eine Analyse des Luftfilterdurchsatzes hinsichtlich der vorliegenden Plutoniumverbindungen und ihrer Partikelgröße.

Für eine Beurteilung des Falles fehlten somit wesentliche Zusatzinformationen. Welche Plutoniumaktivität war in der Atemluft gewesen? Wie lange hatte sich der Patient darin aufgehalten, und wieviel hatte er folglich eingeatmet? In welcher chemischen Form hatte das Plutonium vorgelegen? Löslich? Unlöslich? An große Staubpartikel gebunden, die sich kaum in den Lungenbläschen niederschlagen, oder als feines Aerosol?

All diese Fragen ließen sich auch im nachhinein von vier verschiedenen Gutachtern nicht übereinstimmend klären.

Wenn aber die Plutoniumaktivität nicht direkt bestimmt werden kann, die der Patient eingeatmet hat, so behilft man sich oft auf andere Weise und rechnet aus den Ausscheidungswerten (Plutonium in Stuhl/Urin) zurück auf die ursprünglich aufgenommene Menge.

Wurden damals, im Fall von Herrn Z., die Grenzwerte überschritten? Auch in dieser Frage konnten sich die Experten nicht einigen. Die Analysen waren zu lückenhaft. Nach Ausscheiden aus dem Arbeitsprozeß hatte fünf Jahre keine Überwachung mehr stattgefunden und war danach erst auf Initiative des Patienten selbst wieder aufgenommen worden.

Herr Z. erlag im Februar 1981 nach schwerem Leiden seiner Krankheit. Er hinterließ seine Frau und zwei Kinder. Da er einer Autopsie zugestimmt hatte, wurden seine Organe zur Plutoniumanalyse ins Kernforschungszentrum nach Karlsruhe geschickt. In sämtlichen untersuchten Körperorganen ließ sich noch Plutonium nachweisen, und da sich hier die seltene Gelegenheit ergab, vorher rechnerisch getroffene Dosisabschätzungen mit dem tatsächlichen Plutoniumgehalt der Körperorgane vergleichen zu können, wurde über diesen Fall sofort eine wissenschaftliche Publikation von Karlsruhe aus veröffentlicht.[9]

Nun reichert sich eingeatmetes Plutonium nach einigen Jahren am stärksten in den Lymphknoten der Lunge an. Dort besteht dann die bekanntermaßen höchste Konzentration pro Gramm Gewebe. Diese Lymphknoten waren deshalb extra separat gepackt nach Karlsruhe mitgeschickt worden. Hierüber wurden Analyseergebnisse leider weder intern mitgeteilt noch veröffentlicht. Aber auch andere Resultate teilte das Kernforschungszentrum Karlsruhe weder den Angehörigen des Patienten noch ihrem Arzt des Vertrauens (Prof. Kuni) mit. Wie wir inzwischen wissen, wurden die höchsten Plutoniummeßwerte in der Lunge des Patienten ebenso wie auch andere Meßdokumente unterschlagen bzw. der Marburger Nuklearmedizin vorenthalten.

Bis heute (Winter 1986) ist die Berufskrankheit des Patienten immer noch nicht anerkannt. Das Anerkennungsverfahren schleppt sich immer noch durch die Instanzen. Die inzwischen vier Gutachter (drei von ihnen stehen in unmittelbarer Verbindung zur Kernforschung bzw. zur Kernindustrie) konnten sich nicht auf die während des Unfalls aufgenommene Plutoniummenge einigen. Auch die Hochrechnung der Dosis aus einzelnen analysierten Organteilen erlaubt noch erhebliche Abschätzungsfehler. Die Annahmen unterscheiden sich um mehr als 1000 Prozent und liegen – z. T. knapp unter – meist jedoch eindeutig über dem zulässigen Grenzwert. Der Gutachter aus Karlsruhe stützte sich dabei im wesentlichen auf die Urin- und Stuhlmeßdaten, der Gutachter der französischen Kernenergiebehörde schätzte die Dosis vor allem aus den einzelnen Organgehalten von Plutonium, und der Gutachter der EG-Kommission errechnete seinen Schätzwert aus dem Staubfilter des Raumluftmonitors.

Nur der vierte Gutachter, der schon ganz am Anfang des Verfahrens Stellung genommen hatte, ein bekannter Krebsspezialist und Professor aus München, hat eindeutig einen Zusammenhang der Krebserkrankung mit dem eingeatmeten Plutonium bejaht.

Die Geschichte von Herrn Z. war ein Präzedenzfall: Erstmals wurde in der Bundesrepublik Deutschland ein Verfahren auf Anerkennung als Berufskrankheit eingeleitet, weil jemand die extrem giftige Substanz Plutonium eingeatmet hatte und Jahre später an Krebs verstarb. Entsprechend entbrannte sofort ein Interessenkonflikt darum, welche Ärzte Einsicht in die Patientenakten erhalten sollten (z. B. das Kernforschungszentrum Karlsruhe) und welche nicht (z. B. die Nuklearmedizin der Universitätsklinik Marburg).

Die Geschichte von Herrn Z. hat gezeigt, daß es keine allgemein verbindliche Methode gibt, eine einmal aufgenommene Plutoniummenge zu berechnen. Jeder eingeschlagene Weg führt nur zu groben Schätzwerten, die, über den Daumen gepeilt, dann als Grundlage für so wichtige Entscheidungen dienen, ob jemand auf den sogenannten «heißen» Arbeitsplätzen weiterbeschäftigt werden darf, oder ob die Anerkennung als Berufskrankheit zugestanden werden muß. Und so stellt sich die Frage, was nützen Grenzwerte in der Atomindustrie, wenn ihre Einhaltung nicht solide überprüft werden kann?

Radioaktivität

Atomaufbau

Atome sind zusammengesetzt aus einer Hülle (gebildet von Elektronen mit negativer Ladung) und einem Kern, um den diese Elektronen kreisen wie die Erde um die Sonne. Das heißt, Atome bestehen wesentlich aus leerem Raum. Der Atomkern ist seinerseits zusammengesetzt aus einem Paket Protonen (positiv geladener Teilchen) und Neutronen (ungeladene, neutrale Teilchen). Der Atomkern ist sehr dicht gepackt, denn die Kernbindungskräfte, die Protonen und Neutronen aneinander«kleben», sind sehr groß. Im Kern konzentriert sich daher die Hauptmasse des Atoms.

Die Anzahl der Protonen in einem Atomkern legt fest, zu welchem Element das Atom gehört.

So hat

jedes Wasserstoffatom	1 Proton
jedes Heliumatom	2 Protonen
jedes Jodatom	53 Protonen
jedes Caesiumatom	55 Protonen
jedes Plutoniumatom	94 Protonen

Zerfällt ein Atomkern trotz der hohen Kernbindungskräfte, so spricht man von radioaktivem Zerfall oder einfach von «Radioaktivität», denn ein Atomkern zerfällt nie, ohne daß dabei aktiv Strahlung ausgesandt (emittiert) wird.

Wie kommt es zu solchen Kernzerfällen? Entweder wird ein gerade stabiler Atomkern von hochenergetischer Strahlung anderer Atomzerfälle getroffen und dadurch gespalten (Prinzip Atombombe), oder in den Kern wurden außer seiner elementaren Protonenzahl noch so viele Neutronen dazugepackt, daß er wie ein zu hoher Turm aus Bauklötzen nicht mehr zusammenhält und von ganz allein in Stücke «platzt». Solche instabilen Atome (Radionuklide) kommen in der Natur relativ selten vor. Normales Jod ist deshalb stabil. Hat man aber zu den 53 Protonen des Jods noch so viele Neutronen dazu gepackt, daß es insgesamt 131 Kernbausteine enthält (Jod 131), so zerfällt es relativ schnell (jeweils die Hälfte dieser Atome zerstrahlt in 8,02 Tagen). Auch Jod mit 129 Kernbausteinen (Jod 129) enthält noch zu viele Neutronen (76), ist aber stabiler und zerfällt daher langsamer (Halbwertszeit 15,7 Millionen Jahre). Wenn aber ein Turm Bauklötze zusammenfällt, fliegen Teile durch die Gegend. Analog wird beim Kernzerfall grundsätzlich Strahlung frei.

Strahlungsarten

Ein zerfallender Atomkern kann Alpha-, Beta-, Gamma- und Neutronenstrahlen aussenden, manchmal nur eine Sorte, manchmal mehrere Strahlenarten gleichzeitig. Jede Strahlenart ist prinzipiell in der Lage, weitere Atome zu zerstören. Dabei ist das Spaltpotential von energiereichen Strahlen am höchsten.

Alpha-Strahlen sind bildlich gesprochen ganz dicke «Bauklötze», Kleinpakete aus vier Kernbausteinen (2 Protonen und 2 Neutronen), die mit ihrer Umgebung sofort anecken und daher eine sehr kurze Reichweite haben. Sie reißen sozusagen eine kurze aber breite Schneise im menschlichen Gewebe von nur 0,1 mm Länge.

Beta-Strahlen sind kleine «Bauklötze», einzelne, hochenergetische Elektronen, die beim Kernzerfall abgestrahlt werden und eine längere, schmale Schneise reißen.

Gamma-Strahlen sind gar keine Bauklötze mehr, sondern eher Lichtblitzen vergleichbar (reine Energie), die sich ganz gut zwischen den Atomen oder deren Kern und Hülle durchmogeln können. Treffen sie jedoch am Ende ihres langen Weges einen Atomkern, können auch sie ihn zerstören.

Biologische Bedeutung der Strahlen

Strahlen können von außen den Körper treffen und dabei Zellen beschädigen oder vernichten. Wichtig ist aber auch die «Inkorporation», ins Innere des Körpers gelangte, instabile, radioaktive Substanzen (wie Jod 131 oder Plutonium 239). Manche dieser Stoffe bleiben ein ganzes Leben lang im Körper liegen (z. B. Plutonium), Stück für Stück zerfallen dort seine Atome und beschießen mit ihren Alpha-Strahlen das umliegende Gewebe. Und weil Plutonium 239 eine Halbwertszeit von 24110 Jahren hat, reicht der Vorrat noch für Tausende weiterer Generationen, denn nach 24000 Jahren ist erst die Hälfte seiner Atome zerstrahlt. Gleichzeitig ist Plutonium aber ein Schwermetall, weit schwerer als Blei, d. h., auf kleinem Raum konzentrieren sich sehr viele Atome. Kleinste Partikel besitzen daher eine sehr hohe Radioaktivität, die über die Nahrungskette und Atmung in den Körper gelangen kann. Ein Milligramm dieser Substanz produziert 140 Millionen Alpha-Zerfälle pro Minute (2,3 Millionen Becquerel), und das für unüberschaubar lange Zeiträume.

Je nachdem, in welchen menschlichen Organen sich die radioaktiven Substanzen anreichern, kann es zu akuten Funktionsverlusten kommen. Schon einige Monate nach dem Einatmen kann Plutonium – in höheren Dosen – zu Lungenfibrose führen. Hierbei verliert die Lunge an Elastizität und Atemkapazität, weil zerstrahltes Lungengewebe vom Körper durch Bindegewebe und fibrosierende Fasern ersetzt wurde. Und noch Jahrzehnte nach der Aufnahme kann Plutonium

Knochenkrebs verursachen. Allgemein kann man sagen: Je größer die Strahlendosis, um so größer ist auch der biologische Schaden. Dabei steigt die Dosis sozusagen mit steigender «Stromstärke» und «Energiespannung» der einzelnen Strahlenarten. Von dieser Regel gibt es aber wichtige Ausnahmen, wo trotz niedrigerer Dosis der Strahlenschaden steigt.*

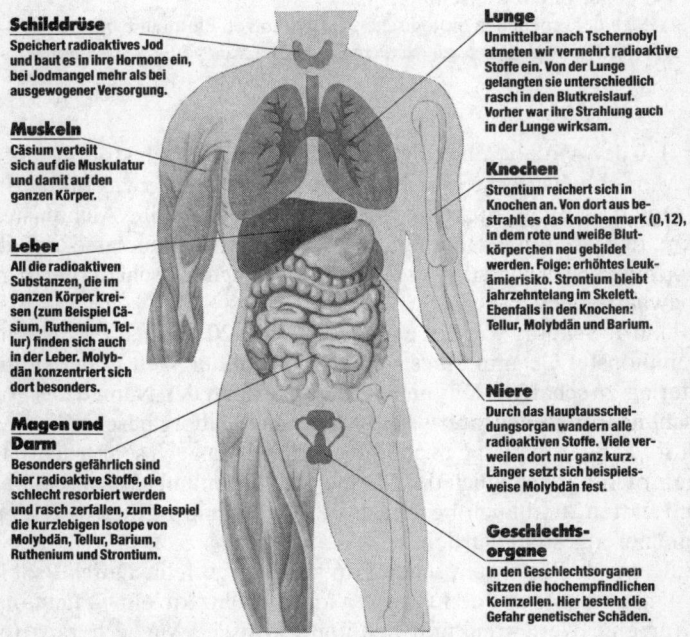

Schilddrüse
Speichert radioaktives Jod und baut es in ihre Hormone ein, bei Jodmangel mehr als bei ausgewogener Versorgung.

Muskeln
Cäsium verteilt sich auf die Muskulatur und damit auf den ganzen Körper.

Leber
All die radioaktiven Substanzen, die im ganzen Körper kreisen (zum Beispiel Cäsium, Ruthenium, Tellur) finden sich auch in der Leber. Molybdän konzentriert sich dort besonders.

Magen und Darm
Besonders gefährlich sind hier radioaktive Stoffe, die schlecht resorbiert werden und rasch zerfallen, zum Beispiel die kurzlebigen Isotope von Molybdän, Tellur, Barium, Ruthenium und Strontium.

Lunge
Unmittelbar nach Tschernobyl atmeten wir vermehrt radioaktive Stoffe ein. Von der Lunge gelangten sie unterschiedlich rasch in den Blutkreislauf. Vorher war ihre Strahlung auch in der Lunge wirksam.

Knochen
Strontium reichert sich in Knochen an. Von dort aus bestrahlt es das Knochenmark (0,12), in dem rote und weiße Blutkörperchen neu gebildet werden. Folge: erhöhtes Leukämierisiko. Strontium bleibt jahrzehntelang im Skelett. Ebenfalls in den Knochen: Tellur, Molybdän und Barium.

Niere
Durch das Hauptausscheidungsorgan wandern alle radioaktiven Stoffe. Viele verweilen dort nur ganz kurz. Länger setzt sich beispielsweise Molybdän fest.

Geschlechtsorgane
In den Geschlechtsorganen sitzen die hochempfindlichen Keimzellen. Hier besteht die Gefahr genetischer Schäden.

Nicht alle radioaktiven Stoffe verteilen sich gleichmäßig im Körper, manche reichern sich in einzelnen Organen stärker an. Auch reagieren nicht alle Gewebe gleich empfindlich auf die Strahlenlast, und je nach Tumor sind die Heilungschancen unterschiedlich.
(aus: natur Juli 1986)

(Von Enno Kleinert, aus: natur, Das Umweltmagazin, 7/1986)

* Literatur: J. Kiefer, Dosisleistungsabhängigkeit der zellulären Mutationsinduktion, Vortrag, Seminar der Universität Bremen mit dem Thema: Aktuelle Erkenntnisse zur Bewertung des Strahlenrisikos, 11. Oktober 1986

Plutonium – die frühen Anfänge

«Die Erkenntnis möglicher bio-medizinischer Gefahren dieses neuen radioaktiven Materials, welches das Atombombenprojekt geschaffen hatte, war im wesentlichen zeitgleich mit der Entscheidung, dieses Projekt weiter voranzutreiben.»[8]

«Sich der möglichen biologischen Gefahren von Plutonium bewußt zu sein und sich dagegen zu schützen, waren zwei völlig verschiedene Dinge.»[11]

Der Bau der Atombombe war das bis dahin größte Industrieprojekt in der Menschheitsgeschichte. Noch nie zuvor waren zwei Milliarden US-Dollar in ein Projekt investiert worden. Der alte Alchimistentraum, daß sich ein Element in ein anderes umwandeln lasse, daß die Schöpfung neuer, künstlicher Elemente möglich sei, schien sich damit zu bewahrheiten.

Glenn T. Seaborg war der erste, dem es am 20. August 1942 gelang, ein millionstel Gramm eines solch neuen, in der Welt unbekannten Materials zu schaffen. Das neue Element erhielt den Namen des griechischen Gottes der Unterwelt: Plutonium. Seaborg beschreibt diese Zeit so: «Die frühen Tage von Plutonium waren auch sehr fruchtbare Tage, fruchtbar bezüglich der Mengen an Plutonium, die wir bald zur Hand hatten, und auch bezüglich der Geldmengen, die für Experimente bereitgestellt wurden.»[12]

Bald wurde Plutonium schon kiloweise hergestellt. Durch Probieren – man nannte es «den Drachen am Schwanz kitzeln» – fand man die für eine Kettenreaktion benötigte kritische Masse heraus (ca. 5 kg). Bei diesen Versuchen kam es zu den ersten Todesopfern: Von zehn verstrahlten Wissenschaftlern verstarben zwei akut am Strahlensyndrom, zwei weitere erlagen Jahre später ihrer Leukämie.[13]

Im August 1945 wurde die erste Plutoniumbombe auf Nagasaki abgeworfen. Im Zuge weiterer Atomaufrüstung wurde die Produktion ausgebaut – bis heute wurden allein von den USA über 700 Testbomben gezündet.[14]

Gleichzeitig fiel Ende der vierziger Jahre aber auch die Entscheidung zur zivilen Nutzung der Kernkraft, mit der man damals noch glaubte, die Lösung aller künftigen Energieprobleme in der Hand zu haben, und die den Atomforschern erlaubte, das Odium der Kriegsindustrie hinter sich zu lassen.

Nun hatte man allerdings mit Radium, einer dem Plutonium vergleichbaren radioaktiven Substanz, bereits schlechte Erfahrungen gemacht. In den zwanziger Jahren waren in der amerikanischen Uhrenindustrie auffällig viele junge Frauen an Kiefersarkomen erkrankt, die Armbanduhrzifferblätter mit Leuchtziffern bemalt und dabei den Pinsel häufig mit dem Mund angespitzt hatten. Die radiumhaltige Leuchtfarbe hatte den Knochenkrebs[15, 16] verursacht. Genaue Nachforschungen schon vor dem Zweiten Weltkrieg hatten ergeben, daß oberhalb eines zehntel millionstel Gramms Radium mit Toten gerechnet werden mußte, wenn sich diese Substanz in den Knochen abgelagert hatte.[17]

Seaborg, der Plutoniumentdecker, forderte daher 1944, daß innerhalb des Atombombenprojektes mit der «allerhöchsten Priorität» Tierversuche vorgenommen werden müßten, um die Plutonium-Gefährlichkeit einschätzen zu lernen.[18] Ohne allerdings deren Ergebnisse abzuwarten, wurde schon ein vorläufiger Grenzwert auf einer «willkürlichen Basis»[19] festgesetzt. Plutonium wurde für fünfzigmal ungefährlicher gehalten als Radium. In späteren Jahren zeigte sich auf der Basis biologischer Daten jedoch «relativ schnell, was für ein fürchterlicher Fehler es gewesen wäre, längere Zeit mit Plutoniumwerten zu operieren, die auf solchen Prämissen gründeten».[20] Die Grenzwerte mußten korrigiert werden, und noch heute hält in der Fachwelt der Streit darüber an, wievielmal gefährlicher, wievielmal giftiger oder toxischer das beim Menschen nicht testbare Plutonium gegenüber den relativ gut bekannten Radiumschäden wohl ist. Auf wievielmal niedrigere Grenzwerte muß man folglich die höchstzulässige Plutoniumaufnahme beschränken?

Die allerersten Grenzwerte waren rein aufgrund des Energievergleichs von Radium zu Plutoniumstrahlung angenommen worden. Später erwies sich jedoch, daß für den biologischen Schaden die Strahlenenergie nicht das einzige Beurteilungskriterium sein kann: Es gibt Strahlen, die fast ausschließlich die Schilddrüse aufs Korn nehmen (wie zum Beispiel Jod), andere, die vorrangig auf den Knochen in seinem Gesamtvolumen zielen (wie Radium), oder dritte, die fast nur auf die sehr krebsempfindlichen Oberflächenzellen der inneren Knochenbälkchen treffen (Plutonium). Diese Unterschiede zeigen, daß bei der Einschätzung von Gesundheitsgefahren durch radioaktive Strahlung die Anreicherung und Verteilung des Nuklids in den einzelnen Körperorganen immer genauestens berücksichtigt werden muß.

Spätere Experimente ergaben, daß für die akute Vergiftung von Kleintieren fünfzehnmal weniger Plutonium benötigt wurde als Radium. Bezogen auf langfristiges Überleben (begrenzt durch die Summe aller Krankheiten und Krebsschäden) war Plutonium jedoch nur zehnmal gefährlicher als Radium. In einem ähnlichen Vergleich erzeugt Plutonium bei Kaninchen achtmal soviel, bei Mäusen und Ratten fünfzehnmal soviel Knochenkrebs.

In der Einschätzung der Knochenkrebsgefahr für den Menschen weichen die Expertenmeinungen erheblich voneinander ab: Plutonium würde 4,2- bis elfmal soviel Knochenkrebs erzeugen wie Radium, sagt der eine, vier- bis dreiunddreißigmal soviel, sagt der andere. Ein dritter legt sich zumindest für den Hund auf den Faktor 30 fest, ein vierter lehnt die Methode solcher Vergleiche aufgrund der ihnen innewohnenden Verallgemeinerungen[22] grundsätzlich ab.

Bei fehlendem Konsens in einer wissenschaftlichen Sachfrage wäre es nunmehr ärztliches Gebot, vorsichtshalber das Schlimmste zu befürchten und entsprechende Schätzungen so vorzunehmen, daß sie auf der sicheren Seite liegen, oder, wie es im Strahlenschutz heißt, daß sie «konservativ» sind. Allerdings schätzte gerade die ICRP, die Internationale Strahlenschutzkommission, in ihren Empfehlungen das Plutonium«risiko» als relativ gering ein. Bis 1976 hielt sie in ihren Grenzwerten das Plutonium nur für 2,5mal so gefährlich wie das Radium, ohne diese Geringschätzung im internationalen Autorenvergleich mit eigenen Forschungen zu begründen.

Tierversuche mit Plutonium

In der Medizin stellen heute vergleichende Tierversuche eine Standardmethode dar. Da Atombomben- und Reaktorproduktion die Frage nach den Gesundheitsgefahren aufgeworfen hatten und ein entsprechender Datenbedarf entstand, wurde mit Plutonium an Legionen von Ratten, Mäusen, Hamstern, Hunden, Affen und anderen Tieren getestet, in welcher Dosishöhe einzelne Organe oder Gewebe durch welche Art von Schaden bevorzugt betroffen werden. Da es sich normalerweise verbietet, solche Wirkungen versuchsweise am Menschen feststellen zu wollen, werden in der Praxis Stoffwechseldaten und Dosis-Wirkungs-Verhältnisse der einzelnen radioaktiven Substanzen vom Tier auf den Menschen übertragen. Wissenschaftlich ist solch ein Übertrag jedoch eine unsichere Sache. Vollzieht man ihn trotzdem, haben die aus Tierversuchen für den Menschen abgeleiteten Folgerungen notwendig einen gewissen hypothetischen Charakter.

Die Menschen ebenso wie einzelne Tierstämme haben ihre eigenen Stoffwechselwege. Plutonium verteilt sich in den einzelnen Körpergeweben verschieden, die es wieder unterschiedlich lange speichern und untereinander austauschen. Folglich ist auch die in einem konkreten tierischen Organ zur Geltung kommende Dosis nur mit Vorbehalt dem Menschen vergleichbar.

Schon 1946 hatte man beispielsweise herausgefunden, daß Ratten nach 300 Tagen die Hälfte (50 %) an injiziertem Plutonium 238 wieder ausgeschieden hatten, Menschen im gleichen Zeitraum jedoch nur 5 %.[23] Und was das Verhalten von Plutonium im Skelett betrifft, so weist nichts darauf hin, «daß sich die Knochenumbaurate von Mensch und Hund gleichen, und sie ist sicherlich nicht dieselbe bei einem jungen Hund und einem erwachsenen Mann»[24]. Zwar lassen sich für derlei Unterschiede zwischen Mensch und Tier Korrektur- oder Umrechnungsfaktoren annehmen. Diese Faktoren basieren dann aber auf dem Vergleich mit einem Referenznuklid wie zum Beispiel Radium, dessen Giftigkeit bei Mensch und Tier einigermaßen bekannt ist. Nur ist das Verhältnis der Radiumschäden zu den Plutoniumschäden nicht konstant. Es variiert vielmehr – wie weiter vorn gezeigt – erheblich, so daß sich ein einfacher Übertragungsfaktor für den Menschen aus vielen Gründen nicht findet.

Ein anderes Problem der Hochrechnung von Tierdaten liegt in der Übertragbarkeit von Experimentalbedingungen. Dies wird besonders schwierig, wenn eine standardisierte Situation im Tierexperiment in Beziehung gesetzt werden soll zu einer nicht standardisierten individuellen Situation am Arbeitsplatz. Ungleich dem Versuchskäfig, wo radioaktive Aerosole schön homogen zubereitet werden, bevor das Tier sie einatmet, ist der Arbeitsplatz des Menschen vielen Zufälligkeiten ausgesetzt. Dort stellt die inhalierte radioaktive Luft eher ein unkontrolliertes, buntes Stoffgemisch dar.

Hinzu kommt, daß die einzelnen Tierarten auf gleiche Strahlendosen unterschiedlich sensibel reagieren. Wenn zum Beispiel eine Maus auf eine bestimmte Dosis *Gammastrahlen* dreimal empfindlicher reagiert als der Mensch – gilt dann das gleiche Verhältnis auch für *Alphastrahlen*, womöglich bezogen auf spezielle Gewebe wie Mäuse- und Menschenleber? Mit einiger Sicherheit könnte dies nur beantwortet werden, wenn entsprechende Vergleichswerte des Menschen zur Verfügung stünden, wenn also die Strahlensensibilität seiner Leber auf Alphastrahlen bekannt wäre. Und nicht einmal solche Vergleichswerte würden hinreichen, denn anhand der Erfahrungen mit Thorotrast, einem früher gebräuchlichen Röntgenkontrastmittel, weiß man, daß auch nicht alle Alphastrahlen in ihrer Wirkung gleichzusetzen sind, denn im Gegensatz zu Plutonium verursacht Thorotrast eine ganz andere Krebsart (Hämangiosarkome) in der Leber.

Drehte sich die bisherige Argumentation um die schwierige Vergleichbarkeit von Stoffwechselwegen, Experimentalbedingungen und Strahlensensibilität, so wird die Angelegenheit noch heikler, wenn das entsprechende Plutonium-Krebsrisiko bei Mensch und Tier zueinander in Beziehung gesetzt werden soll. Es ist bekannt, daß bestimmte Tierspezies für spezielle Krebsarten anfälliger sind als andere. Aber selbst innerhalb eines Stammes erwiesen sich Mäuse einer bestimmten Zuchtlinie auf Plutoniumgabe gegenüber einer anderen Mäuselinie als leukämiegefährdeter[25]. Die Entstehungsgefahr einzelner Tumorarten aufgrund von Tierversuchen auf den Menschen zu übertragen, kann sich also als Hazardspiel, als russisches Roulette erweisen. Keinesfalls darf das Risiko für beide vereinfachend gleichgesetzt werden.

Weitere Differenzen können auch verursacht werden durch ein unterschiedliches Spektrum an Kokanzerogenen, das heißt besonderen Umweltfaktoren, welche die Krebsentstehung für den Menschen zusätzlich fördern: Tiere rauchen nicht!

Und schließlich besteht noch ein letztes Problem beim Krebsrisikovergleich zwischen Mensch und Tier: Die Tatsache, daß die Latenzzeit, also die Wartezeit bis zum Auftreten von strahlenbedingtem Krebs, oft die Lebensspanne der zum Experiment benutzten Labortiere überschreitet. Radiogene Späteffekte, die beim Menschen erst nach 15 bis 30 Jahren auftreten können, bleiben in Tierversuchen daher unbemerkt.

Das Zusammenwirken all dieser wichtigen Unterschiede (der Stoffwechselwege, Strahlensensibilität, Krebshäufigkeit, unterschiedliche Rauch- und Lebensgewohnheiten, längere Lebenszeit mit möglichen Späteffekten) ist wissenschaftlich nicht berechenbar. Bestenfalls gelingen grobe Abschätzungen.

Menschenversuche mit Plutonium

«Es scheint unter Strahlentoxikologen Konsens zu sein, daß alleinige Tierdaten ungenügend sind. Wo immer vorhanden, ist der Gebrauch von Menschendaten notwendig, so unbefriedigend und knapp sie auch sein mögen...»[28]

Um eine zusätzliche Sicherheit für Grenzwertschätzungen im Umgang mit radioaktivem Material zu erhalten, wurden Menschenversuche früh für «zwingend»[26] gehalten und auch durchgeführt. Strafgefangenen wurden bis in die 70er Jahre hinein die Hoden bestrahlt, radioaktive Milch wurde an Versuchspersonen ausgegeben[26a], Psychiatriepatienten wurde Radium injiziert[26b], Krebspatienten wurden mit 200–300 rad Ganzkörperdosis bestrahlt, um herauszufinden, wieviel der Mensch aushält.[26c]

Ähnliche Versuche gab es mit Plutonium, ebenfalls einer in keinerlei Hinsicht etwa therapeutisch nutzbaren Substanz, sondern einer, bei der von Anfang an klar war, daß die Kernchemie hier eine Büchse der Pandora aufgetan hatte und Plutonium für jedes biologische System nur hochgiftig ist. Da sich innerhalb des Bereichs der Nachweismethoden kaum eine «ungefährliche» Spurenmenge definieren läßt, müssen sich auch hier für Menschenversuche sofort größte ethische Bedenken ergeben. Schließlich gibt es einen allgemein anerkannten Rechtsgrundsatz, demzufolge in wissenschaftlichen Versuchen die Gesundheit des einzelnen nicht zugunsten anderer bewußt eingeschränkt werden darf.[27] Ethisch vertretbar könnten Menschenversuche allenfalls dann unternommen werden, wenn ein entsprechender direkter Nutzen für die Gesundheit anderer erkennbar wird, der sich anders nicht erreichen läßt (z. B. Spende einer Niere). Zusätzlich muß sich die Versuchsperson in voller Kenntnis der resultierenden Gesundheitsgefahren (z. B. OP-Risiko) einer solchen Prozedur wirklich freiwillig unterziehen.

Unaufgeklärte Patienten, Strafgefangene, Soldaten oder gekaufte, hungerleidende Menschen kommen als Probanden ebensowenig in Frage wie Menschenversuche überhaupt, die nur eine giftige Substanz testen wollen. Bei ausführlicher Aufklärung würde sich doch niemand freiwillig mit Plutonium belasten lassen, das schon bei kleinsten Mengen erhebliche Risiken von Spätschäden mit sich bringt. Wissenschaftler, die sich selbst Plutonium in die Vene gespritzt hätten, sind mir daher nicht bekannt.

Der militärische Rahmen des Atombombenprojektes, Codename «Manhattan Project», erlaubte jedoch ein Hinwegsetzen über ethisch-rechtliche Barrieren. Die ersten Menschenversuche mit Plutonium wurden veranlaßt.

Es begann damit, daß im März 1945 ein 53jähriger farbiger US-Bürger (in der Reihe der medizinischen Testpersonen unter der Kenn-Nummer HP 12 geführt) mit vier Knochenbrüchen, die er sich bei einem Autounfall zugezogen hatte, ins Strong Memorial Hospital in New York eingeliefert wurde. Am 10. April wurden ihm etwa 11000 Becquerel Plutonium (PU IV Zitrat) intravenös verabreicht. Es ist anzunehmen, daß dies ohne sein Wissen und Einverständnis geschah, denn die Dosis war immerhin fast fünfmal so hoch wie der damalige Jahresgrenzwert von 2220 Bq, der von der Projektleitung für die Atombombenarbeiter in Los Alamos offiziell vorgeschrieben worden war.[33] Diesem Vorversuch folgten von Oktober 1945 bis Juli 1947 in drei Studiengruppen (Los Alamos / Berkeley, Kalifornien / Chicago) 17 weitere Versuche, bei denen Patienten Plutonium injiziert wurde.

Legitimiert wurden diese Menschenversuche mit der Behauptung, es habe sich um sogenannte «terminale Patienten» gehandelt[34], um fast «beendete Patienten», die ohnehin kurz vor dem Tod stünden, um «Menschen mit kurzer Lebenserwartung»[33] oder um Menschen mit einer maximalen Lebenserwartung von zehn Jahren.[30] Wie ungenau diese Diagnosen und Schätzungen waren, zeigt sich daran, daß 1975, also 30 Jahre nach Beginn dieses Experiments, tatsächlich noch vier der betroffenen Personen ausfindig gemacht werden konnten. Sie hatten bis dahin noch keinen Krebs bekommen[33, 36], woraus sich nicht im Umkehrschluß ableiten läßt, die injizierte Plutoniumdosis sei harmlos gewesen.

Auch wurde behauptet, man habe nur «Spuren» von Plutonium injiziert, und zwar nur bei Personen, die «in der Regel» älter als 45 Jahre waren.[30] Keineswegs jedoch hielt man sich immer an diese Vorgabe: Unter den Fällen befanden sich auch ein vierjähriges Kind mit Knochenkrebs (Kenn-Nr. Cal 2), ein 18jähriges Mädchen (HP 4) mit Cushing (einer Hirnanhangdrüsenerkrankung) sowie eine 41jährige Frau (HP 8) mit Zwölffingerdarmgeschwür und ein 36jähriger Schwarzer (Cal 3).

Die «Spurenmengen» waren ebenfalls nicht so klein, wie diese Bezeichnung glauben machen könnte: Sie erreichten zum Teil das knapp 100fache der damals erlaubten Grenzdosis, der genaue Faktor liegt bei 96,5 (Patientin Chi 2), die mit 214600 Bq injiziert wurde. Diese Dosen sind hoch genug, um mit hoher Wahrscheinlichkeit als krebserregend bezeichnet werden zu können[35].

Die Planung und Ausführung dieser Experimente[29,30] übernahm ein junger Arzt, Dr. W. H. Langham, der für die Gesundheit der Projektarbeiter zuständig war. Er legte damit den Grundstein zu einer Karriere, in deren Verlauf er nicht nur Präsident der Health Physics Society (1968/69), Mitglied und Vorsitzender zahlreicher nationaler und internationaler Komitees, Ratgeber von Wissenschaftlern und von Regierungen wurde, sondern schließlich als «Mr. Plutonium» (Handbuch für Pharmakologie[31]) galt, als «die Weltautorität für Plutonium-Biochemie und Toxizität», der von der amerikanischen «Regierung und anderen Ländern angerufen wurde, wann immer Plutonium-Probleme entstanden... Seine größte Sorge war natürlich die Giftigkeit von Plutonium für den Menschen.»[32]

Die Langham-Patienten

Die folgenden Patientenbeschreibungen, zusammengestellt aus zwei Quellen[30/37], sollen das Problem weiter illustrieren:

HP 1

Dieser Patient, ein 67jähriger Weißer, war 70,3 kg schwer und bekam am 16.10.1945 pro kg Körpergewicht 148 Bq vierwertiges Plutonium 239-Zitrat in die Ellbogenvene gespritzt. Gesamtdosis: 10 404 Bq. Er hatte seit neun Jahren immer wieder Magengeschwüre und war jetzt mit einer akuten Magenblutung ins Krankenhaus eingeliefert worden. Nach Entlassung wurde sein Fall nicht weiter verfolgt.

HP 2

Diese Patientin, eine 49jährige Weiße, war 69 kg schwer und bekam am 23.10.1945 pro kg Körpergewicht 166,5 Bq vierwertiges Plutonium 239-Zitrat intravenös injiziert. Gesamtdosis 11 488 Bq. Sie war Bluterin (Gerinnungsstörung) und deshalb schon häufig im Krankenhaus gewesen. Seit drei Jahren hatte sie hohen Blutdruck und Herzinsuffizienz. Nach der Entlassung erfolgten keine Nachuntersuchungen.

HP 3

Diese Patientin, eine ebenfalls 49jährige Weiße, wog 69,9 kg und bekam am 27.11.1945 insgesamt 11 121 Bq Plutonium 239 (IV)-Zitrat injiziert (159,1 Bq/kg). Sie litt an einer Leberentzündung, einer Gelbsucht unklarer Ursache. Nachuntersucht im Oktober 1946, erschien sie in gutem Gesundheitszustand – viereinhalb Jahre nach der Plutoniumspritze war die Patientin erneut im Krankenhaus (Ursache?). Es wurden einige Urinproben von ihr untersucht und Plutonium darin gemessen. Dann ging die Patientin verloren (lost thereafter).

HP 4

Diese Patientin, ein 18jähriges weißes Mädchen, wog bei Aufnahme 55,5 kg und wurde am 27. 11. 1975 mit 199,8 Bq Pu IV-Zitrat pro kg Körpergewicht injiziert. Gesamtdosis an 239 Plutonium: 11 168 Bq. Sie litt an einer schweren Stoffwechselstörung, am Cushings-Syndrom, einer Erkrankung der Hirnanhangdrüse, mit hohem Blutdruck, massiver Osteoporose, chronischem Nierenschaden und einem Harnwegsinfekt. Sie verstarb 18 Monate nach der Plutoniuminjektion an Nierenversagen. Einer Autopsie wurde nicht zugestimmt.

HP 5

Dieser Patient, ein 56jähriger Weißer, wurde am 30. 11. 1945 mit Plutonium 239 (IV)-Zitrat injiziert. Die Dosis sei 162,8 Bq pro kg Körpergewicht gewesen. Da aber das Gewicht des Patienten nirgends dokumentiert wurde, kann seine Gesamtdosis nur geschätzt werden. Er litt ursprünglich an einer mit Lähmungen verbundenen Nervenkrankheit (Amyotrophe Lateralsklerose), an der er im April 1946 verstarb. Zum Zeitpunkt des Todes hatte er noch eine Lungenentzündung und eine gutartige Nierengeschwulst. Er wurde seziert.

HP 6

Dieser 45jährige weiße Patient wurde am 2. Januar 1946 mit 162,8 Bq Plutonium 239 (IV)-Zitrat pro kg Körpergewicht injiziert. Sein Gesamtgewicht ist nicht dokumentiert, die Aufnahmediagnose Morbus Addison (erneut eine schwere Stoffwechselerkrankung) ist wahrscheinlich falsch, weil sie nur ein Jahr lang bestanden haben soll, obwohl man sie damals nicht heilen konnte. Er war stationär aufgenommen worden wegen infizierter Hautstellen an den Augenlidern und Zehen. Bei Wiederaufnahme anderthalb Jahre später war sein Gesundheitszustand unverändert. Viereinhalb Jahre nach der Injektion: erneuter Krankenhausaufenthalt, Ursache und Gesundheitszustand unbekannt. Zu beiden Gelegenheiten ließ sich erneut Plutonium im Urin nachweisen. Auch dieser Patient wurde später aus den Augen verloren.

HP 7

Diese 59jährige weiße Frau wurde am 21. Januar 1946 in das Krankenhaus aufgenommen und 18 Tage später mit 211 Bq vierwertigem Plutonium 239-Zitrat pro Kilogramm Körpergewicht injiziert. Sie wog 68 kg und erhielt als Gesamtdosis folglich 14 341 Bq. Sie litt unter einer schweren Herzschwäche und an Schilddrüsenüberfunktion. Sie verstarb im Oktober 1946, wahrscheinlich an einer Lungenentzündung. Die Autopsie wurde verweigert.

HP 8

Diese 41jährige weiße Patientin hatte jahrelang Zwölffingerdarmgeschwüre und eine Sklerodermie (Bindegewebserkrankung). Sie wog bei der Aufnahme 54,5 kg und erhielt am 9. März 1946 270 Bq Plutonium 239 (IV)-Zitrat pro kg, also insgesamt 14693 Bq, intravenös injiziert. Es erfolgten keine Nachuntersuchungen.

HP 9

Dieser 46jährige Weiße erhielt am 4. März 1946 seine Plutoniuminjektion mit Pu 239 (IV)-Zitrat; 225,7 Bq/kg, insgesamt 14219 Bq bei einem Körpergewicht von 63 kg. Er verstarb 456 Tage nach der Spritze an seiner mit Muskelschwund einhergehenden Hauterkrankung (Dermatomyositis). Letzte Todesursache bei Autopsie war eine Lungenentzündung.

HP 10

Dieser Patient, ein 52jähriger Schwarzer, 71 kg schwer, erhielt am 16.7.1946 insgesamt 13923 Bq Plutonium 239 (IV)-Zitrat i.v. (1986 Bq/kg). Er litt unter Herzschwäche bei vorausgegangenem rheumatischen Fieber und Syphilis. Nachuntersuchungen erfolgten nicht.

HP 11

Dieser 68jährige Weiße war ein langjähriger Alkoholiker. Sein Körpergewicht wurde nicht dokumentiert, seine Dosis sei 207 Bq/kg Körpergewicht gewesen (Pu 239 IV-Zitrat). Am 20. Februar 1946 erfolgte die Injektion, – der Patient starb an Leberzirrhose 5 Tage später und wurde seziert.

HP 12

Dieser 53jährige Farbige wurde weiter vorn schon beschrieben. Ein Autounfall mit vier Knochenbrüchen machte den Krankenhausaufenthalt erforderlich – 17 Tage später, am 10. April 1945, erhielt er seine Plutoniumspritze mit etwa 162,8 Bq Pu 239 IV-Zitrat pro Kilo. Das Körpergewicht ist nicht dokumentiert, die Gesamtdosis kann nur geschätzt werden. Mit geheilten Knochen entlassen, wurde er nie mehr auf Plutonium und etwaige Folgen nachuntersucht.

Es folgen die von der Arbeitsgruppe Chicago (Chi) und Berkeley California (Cal) injizierten Patienten:

Chi 1

Ein 68jähriger, 76,4 kg schwerer Weißer, bekam am 26.4.1945 192,4 Bq/kg, also insgesamt 14699 Bq Plutonium 239-Zitrat, aber sechswertig (VI), in die Ellbogenvene injiziert. Zwei Tage später wurde er an einem Mundhöhlenkrebs operiert, eine Grundkrankheit, an der er 160 Tage später verstarb. Es lag außerdem noch eine milde Nierenbeckenentzündung vor. Er wurde seziert.

Chi 2

Diese 55jährige Weiße wog am Tag ihrer Krankenhausaufnahme nur noch 38,6 Kilo. Sie litt an einem metastasierenden Brustkrebs mit Tochtergeschwulsten vor allem in Leber, Nieren und Knochenmark. Sie wurde am 27. Dezember 1945 mit der maximalsten Dosis von allen injiziert: 5550 Bq pro kg, insgesamt also 214230 Bq sechswertiges Plutonium 239-Zitrat. Sie verstarb 17 Tage später und wurde seziert.

Chi 3

Diesem jungen Weißen wurden am 27. Dezember 1945 etwa 3541 Bq sechswertiges Plutonium 239-Zitrat pro Kilo Körpergewicht injiziert. Er litt an Hodgkins-Erkrankung (Lymphdrüsenkrebs) und starb 170 Tage nach der Injektion. Die Autopsie wurde verweigert. Es gibt keine weiteren Informationen.

Cal 1

Dieser Patient war ein 58jähriger 58 Kilo schwerer Weißer, der am 14. Mai 1945 pro Kilo Körpergewicht 3315,2 Bq, also insgesamt 192 281 Becquerel Plutonium 238 (nicht das sonst übliche Plutoniumisotop 239) injiziert bekam und zusätzlich auch noch 4292 Bq als Gesamtmenge an Plutonium 239-Nitrat (statt Zitrat); die genaue Verbindung war $PuO_2(NO_3)_2$. Primär diagnostiziert als Magenkrebs, zeigte die Biopsie vier Tage nach der Plutoniumspritze nur ausgedehnte Magengeschwüre. Magen und Milz wurden herausoperiert und der Patient noch 340 Tage weiter verfolgt. Er starb 21 Jahre später an Herz-Kreislauf-Versagen.

Cal 2-a

Dieses vier Jahre und zehn Monate alte Kind war schwach gebaut und litt an Knochenkrebs, der auch schon zu Knochenbrüchen geführt hatte. Der männliche, weiße Junge wurde am 26. 4. 1946 mit 6253 Bq (pro Kilogramm??) sechswertigem Plutonium 239-Nitrat injiziert. Gewebeproben wurden sieben Tage danach durch eine Biopsie erlangt. Sein Körpergewicht wurde anhand von Gewichtstabellen für Kinder auf 15,5 kg geschätzt ... Er starb am 1. Juni 1947, keine Autopsie.

Cal 3-a

Dieser Fall, ein 73,3 kg schwerer, 36jähriger männlicher Neger, hatte eine biopsiegesicherte Diagnose von einer Art Knochenkrebs im Knie und Oberschenkel. Am 18. Juli 1947 wurde ihm Plutonium 238 (VI)-Nitrat intramuskulär, also nicht wie bei allen anderen intravenös injiziert. Ausgewählt wurde für diese Spritze der Wadenmuskel des erkrankten Beines, welches vier Tage später amputiert wurde. Die Gesamtmenge entsprach 3145 Bq. 21 Jahre nach der Injektion lebte der Patient noch, und es ging ihm gut.

Daß die Menschenversuche, die er für seine Berechnungen durchführte, einen Verrat an der Medizin und ihrem Ethos, niemandem Schaden zuzufügen, darstellen, hätte Langham selbst weit von sich gewiesen, denn er ging davon aus, wie er schreibt, daß von den «in diesen Studien angewendeten geringen Plutoniumdosen akute toxische Effekte weder erwartet noch beobachtet wurden»[30]. Jedoch die möglichen Langzeit-Folgekrebsschäden gar nicht in die Betrachtung miteinzubeziehen, die Patienten aus den Augen, aus dem Sinn zu verlieren und das Problem trotz weit übergrenzwertiger Injektionsdosen gleichsam wortlos unter den Teppich zu kehren, ist unärztliches Verhalten. Die Patienten, soweit sie ihrer Krankheit nicht schon im Krankenhaus erlagen, gingen nach Abschluß der Behandlung nach Hause, «lost to follow up», wie es in dem amerikanischen Bericht lakonisch heißt, d. h., sie wurden nicht mehr gesehen, außer sie meldeten sich zufällig (wie HP 3 und HP 6) Jahre später wieder im gleichen Hospital, eine Gelegenheit, die Langham dann zu nochmaligen Urinmessungen nutzte.

Und auch den bei Verwendung eines Ultragiftes immerhin zu befürchtenden akuten Vergiftungserscheinungen wurde nicht gerade besonders eifrig nachgegangen. Die erhobenen Daten zeichnen sich aus durch Lückenhaftigkeit und mangelnde Qualität:

● bei keinem der Patienten wurden z. B. die Leberwerte kontrolliert;

● bei nur vier Patienten wurden nach der Plutoniuminjektion einmal die Nierenwerte kontrolliert, und das, obwohl Ausscheidungsanalysen gemacht wurden und einige Patienten nierenkrank waren. Gerade von ihnen gibt es keine Daten über das Ausmaß der eingeschränkten Nierenfunktion.

● bei nur neun von 18 Patienten wurde nach der Injektion eine Blutbildkontrolle durchgeführt.

Warum wurden nur so wenige und nur diese Patienten kontrolliert? Warum erfolgte die Messung einmal am dritten Tag nach der Injektion wie bei HP 3, ein andermal erst nach fünfeinhalb Monaten wie bei HP 8? Nicht einmal über akute Effekte lassen sich so vergleichende Aussagen treffen. Will man die Gesundheitsgefahren einer Substanz beurteilen, so muß man sein Augenmerk auf mehr als nur auf Blutbild und Nierenwerte bei einigen wenigen richten. Sodann sind die Messungen bei allen Beteiligten durchzuführen, und zwar regelmäßig und in gleichem Abstand voneinander.

Wenn man sich aber in Langhams Versuchsbeschreibung die Daten genauer anschaut, kann man sogar zeigen, daß in den drei Fällen (HP 4, HP 8, HP 9), deren Blutbild später als 100 Tage nach der Plutoniuminjektion angefertigt wurde, die Lymphozytenzahl zwischen 21 Prozent und 38 Prozent vom Ausgangswert absank. Dies ist der am häufigsten beobachtbare und bleibende Blutbildschaden nach Plutoniumversuchen mit Tieren[38], ein Effekt, den Langham in seinen Daten weder sah noch weiter verfolgte. Wenn aber Gesundheitsschäden nach Plutoniumgabe nicht im Mittelpunkt des Studieninteresses lagen (sie sollten primär durch Tierversuche beurteilt werden), warum wurden dann diese zynischen Versuche klammheimlich durchgeführt? Noch heute ist die Originalarbeit von Langham «classified», das heißt nicht öffentlich zugänglich (Los Alamos Report Nr. 1151).

Die Entscheidung zur Plutoniumproduktion machte es erforderlich, arbeitsmedizinisch klären zu lassen, wie die Gefährdung der Arbeiter beim Umgang mit dem neuen radioaktiven Material zu bemessen sei. Grenzwerte sollten erlassen werden, und dazu mußte man Aufschluß gewinnen über die Verteilung von Plutonium auf die einzelnen Körperorgane: Wieviel und wie lange reichert es sich wo an? Welches Organ wird am stärksten belastet und muß folglich durch Grenzwerte vordringlich geschützt werden? Durch die Auswahl von Patienten mit teilweise geringer Lebenserwartung hoffte man, nach deren Ableben Autopsien durchführen und so die sezierten Organe auf Plutonium untersuchen zu können.

Eine zweite Absicht dieser Versuche lag darin, Erkenntnisse über die Plutoniumausscheidungsleistung des Körpers zu gewinnen: Wie lange bleibt Plutonium im Blut? Wieviel Prozent kann die Niere pro Tag ausscheiden? Folgt diese Ausscheidungsfunktion einem bestimmten mathematischen Gesetz? Und wenn ja, kann man mit der gefundenen Formel aus einer Plutoniumanalyse im Urin womöglich rückrechnen, wie hoch die ursprüngliche Plutoniuminkorporation gewesen war?

Da kein festgelegter Grenzwert etwas nutzt, wenn seine Einhaltung nicht überprüft werden kann, erhoffte man sich hier durch einfache Urinanalysen beurteilen zu lernen, ob die aufgenommene Plutoniummenge den Grenzwert über- oder unterschritten hatte. Die Rechenformel, die man dafür benötigte, wurde durch dieses Menschenexperiment geliefert, bei dem die Ausgangsdosis der Plutoniumspritze bekannt war und die Ausscheidungsmenge von Plutonium im Urin gemessen werden konnte. Im Mittelpunkt des Interesses stand also bei diesen Versuchen ein verwaltungstechnisch nutzbares Berechnungsmodell.

Da die von Langham mit Plutonium injizierten Patienten meines Wissens die einzigen Versuche an Menschen sind, bei denen die Aufnahmedosis genau bekannt ist, leistete er in der Tat einen wesentlichen Beitrag zur Erforschung des Plutoniumverhaltens im menschlichen Körper. Seine fragwürdigen Berechnungen sind deshalb auch heute noch grundlegend für den Arbeitsschutz und die Festlegung von Grenzwerten. Im Folgenden soll nun anhand der Autopsiebefunde und seiner Analyse der Plutonium-Ausscheidungen untersucht werden, wie genau Langhams Berechnungen und Ergebnisse denn eigentlich gewesen sind.

Die Plutoniumverteilung im menschlichen Gewebe

Eineinhalb Jahre nach Beginn der Studie waren acht Patienten an ihrer diagnostizierten Grundkrankheit gestorben. Fünf von ihnen hatten einer Autopsie zugestimmt, bzw. ihre Angehörigen hatten sie nicht verweigert, so daß bei ihnen einige Gewebeproben gesammelt werden konnten. Die Resultate, die aus ihnen zu gewinnen waren, schränkt Langham selbst ein: «Wenn wir hier die Ergebnisse betrachten, müssen wir zwei wichtige Punkte im Kopf behalten:

1. Die Gewebeproben waren – aus offensichtlichen Gründen – ziemlich unbefriedigend. In den meisten Fällen waren sie zu klein, kaum räpräsentativ und entsprachen eher dem, was wir unter diesen Umständen erhalten konnten, als dem, was wünschenswert gewesen wäre.

2. Waren die Subjekte chronisch krank und/oder alt, so mögen die Ergebnisse nicht exakt die Gewebeverteilung von Plutonium repräsentieren, die sich bei gesunden Personen in durchschnittlichem Arbeitsalter findet.»

«Dennoch» – so fährt er fort – «sind diese Daten die einzigen, die wir haben. Sie müssen deshalb für unser gegenwärtiges Konzept der Plutoniumverteilung in menschlichen Organen und Geweben die Basis abgeben.»

Bei den wenigen untersuchten Personen fanden sich durchschnittlich 65 Prozent der injizierten Dosis im Gesamtknochen, 56 Prozent im Knochenmark. 23 Prozent der Ausgangsdosis hatten sich in der Leber abgelagert. Durchschnittswerte aus diesen wenigen analysierten Gewebeproben kann man nur bilden, wenn man folgende Annahmen zugrunde legt:

● Die Injektionsdosis, die sich bei den hier aufgeführten Fällen bis um das 20fache unterscheidet, sei ohne Bedeutung für die Plutonium-organverteilung.

● Die verwendete Plutoniumverbindung (vierwertiges Pu-Zitrat oder sechswertiges Pu-Nitrat) sei für den Stoffwechsel unwichtig.

● Die Gewebsentnahmezeit nach der Injektion (fünf Tage bei HP 11, 456 Tage bei HP 9) spiele für den Plutoniumgehalt der Organe keine Rolle.

● Die Plutoniumverteilung innerhalb der einzelnen Organe sei homogen und gleichmäßig, so daß man aus einzelnen kleinen Knochensplitteranalysen auf das Gesamtskelett hochrechnen könne.

Spätere Tierversuche bewiesen jedoch, daß alle diese Voraussetzungen falsch sind: Die Plutoniumverteilung im Körper ist abhängig von der Dosis, der chemischen Verbindung, deren physikalischer Zustandsform (monomer/polymer), Alter, Geschlecht, Ernährungs- und Gesundheitszustand des Versuchstieres. Sie ist ferner abhängig von dem Weg, auf dem den Tieren das Plutonium verabreicht wird: Intravenös, intramuskulär, in den Bauchraum injiziert oder der Atemluft beigemengt. Zudem ist die Plutoniumverteilung innerhalb einzelner Organe, insbesondere dem Knochen, sehr inhomogen und ungleichmäßig, was Hochrechnungen aus Knochenteilen entsprechend verkompliziert.[22]

Angesichts der Komplexität des Plutoniumstoffwechsels im menschlichen Körper verwarf man die Ergebnisse der Langham-Studie in diesem Punkt. Die Internationale Strahlenschutzkommission löste das Problem auf ihre Weise: «Obwohl es eine Menge an Tierdaten gibt, ist es nichtsdestotrotz ganz unsicher, welche Verteilung zwischen Leber und Knochen erwartet werden kann, wenn der Mensch Plutonium eingeatmet hat. Es scheint in dieser Situation daher weise, eine Gleichverteilung anzunehmen. So bleibt der jeweilige Schätzfehler für beide Gewebe am kleinsten.»[39]

Auch die deutsche Strahlenschutzverordnung macht sich diese «weise» Gleichverteilungsannahme zu eigen und setzt fest, daß einmal ins Blut gelangtes Plutonium sich zu 45 Prozent in der Leber ablagert und zu 45 Prozent in den Knochen. Eine taugliche Grundlage zur individuellen Risikoabschätzung ist durch dieses «fifty/fifty» keineswegs gewonnen, denn die Realität zeigt erhebliche individuelle Schwankungen: So können sich bei einer Person weniger als 20 Prozent im Skelett und mehr als 80 Prozent des Plutoniums in der Leber anreichern, während bei anderen die Verhältnisse umgekehrt liegen; mehr als 90 Prozent in den Knochen und weniger als 10 Prozent in der Leber.[10]

Diese Differenzen sind nun keine akademischen Haarspaltereien, sondern von großer Bedeutung im Strahlenschutz: Grenzwerte, die die erlaubte Jahresaufnahme an Radioaktivität festlegen sollen, orientieren sich an den Belastungsgrenzen des jeweils «kritischen» Organs, des Gewebes also, in dem die meiste Radioaktivität mit den strahlensensibelsten Zellen zusammenkommt. Diese Anreicherung ist für Plutonium nicht nur von Fall zu Fall verschieden und sehr variabel, das Organverteilungsmuster stellt sogar im Arbeitsleben und unter Fallout-Bedingungen jedesmal einen «Einzelfall» für sich dar.[40] Einige Wissenschaftler fordern daher folgerichtig, daß jedes Grenzwertmodell im Strahlenschutz die ganze Bandbreite möglicher Plutoniumanreicherung in den jeweiligen Organen, zum Beispiel im Skelett, berücksichtigen sollte.[41]

So stehen sich daher heute simplifizierende, verallgemeinernde Grenzwertkonzepte einerseits und großes wissenschaftliches Interesse an jedem Einzelfall andererseits gegenüber. Ersteres mag zu Beschwichtigungsfloskeln führen, letzteres, wie bei Herrn Z., zur Veröffentlichung von Kasuistiken (Einzelfallbeschreibungen wie der aus dem Kernforschungszentrum Karlsruhe[9]) oder auch im Extremfall zu Leichenfledderei: 26 Jahre nach dem Tod von HP 4, dem 18jährigen Mädchen mit der erkrankten Hirnanhangdrüse (Cushing) wurde die Leiche wieder ausgegraben, die Knochen erneut auf Plutonium untersucht. Als das Mädchen starb, hatte keine Einwilligung zur Autopsie vorgelegen. Die neue Wissenschaftspublikation von 1976 beschreibt den Vorgang ganz trocken: «Das Zentrum für menschliche Strahlenbiologie hat die Überreste einer Frau erworben, die 1945 im Alter von 18 Jahren eine Plutoniuminjektion mit umgerechnet 4,9 Mikrogramm erhalten hatte. Sie erlag ihrer Krankheit 1947.»[42]

Die Langham-Funktion: Plutoniumausscheidung im Urin

Die Plutoniuminjektionen von Langham hätten nur wissenschaftskritische Bedeutung, würden seine Versuchsergebnisse nicht *bis heute* breiteste Verwendung im Arbeitsschutz finden. Seine Berechnung der Plutonium-Urin-Ausscheidung ist bis jetzt klassisch geblieben[43], wenngleich der Erfinder selbst über seine Methode sagt: «Man steckt die Analysenergebnisse in den Computer und erhält dann ein Ergebnis, in das jedermann Glauben setzt, primär weil nichts anderes da ist, woran man glauben könnte.»[44] Diese Ergebnisse, die Urinanalysen, sollen aber eine Über- oder Unterschreitung der Grenzwerte diagnostizieren und lohnen daher eine nähere Betrachtung:

Langham hatte bei 15 der 18 von ihm mit Plutonium «behandelten» Patienten den Urin in mehr oder weniger regelmäßigen Abständen auf Plutonium untersucht und bedauert: «Es war nicht möglich, die Personen so lange dazubehalten, wie wir es wünschten, und die Hauptschwäche in unseren Ergebnissen ist das kurze Zeitintervall, in welchem die Studie ausgeführt wurde.»[30] So wurde schon nach wenigen Tagen die von ihm untersuchte Patientengruppe immer kleiner und schrumpfte von 15 Personen an Tag eins auf nurmehr drei Personen ab dem 65. Tag. Die letzten kontinuierlichen Urinmessungen erfolgten bis zum Tag 138. Die einzelnen Meßwerte wiesen eine Streubreite bis zu 1000 Prozent auf, ein Befund, der sich später auch intraindividuell bei Atomarbeitern erheben ließ, ohne daß seine Ursache bekannt wäre.[45]

Anschließend legte Langham durch die Wolke der erhaltenen Meßpunkte eine Kurve, die eine Standardabweichung von 32 Prozent aufwies. Dabei kam es ihm weniger auf eine richtige Beschreibung der biophysikalischen Vorgänge an, als auf die *Handhabbarkeit* der gefundenen Formel: «Was auch immer der wahre Prozeß ist – mit den in diesem Report gegebenen Daten und Kurven ist es möglich, die absolute und minimale Halbwertzeit von Plutonium im Körper zu berechnen.»[30]

Leider war für angestrebte Langzeitberechnungen die Kurve etwas kurz geraten. Langham bemühte sich daher, sie «im größtmöglichen Ausmaß» zu strecken, notfalls sogar «beyond the limits of observation», also über die letzten beobachteten Werte hinaus. Deshalb wurden in die Studie zusätzlich noch weitere Meßdaten hereingenommen, und zwar von Arbeitern, die «während Kriegsoperationen» in den Los Alamos-Laboratorien eine meßbare Menge Plutonium aufgenommen hatten. Da diese Menschen aber eine *unbekannte* Dosis über einen *unbekannten* Zeitraum eingeatmet hatten, sind ihre Ergebnisse nicht vergleichbar zu einer einzelnen, intravenösen Spritze mit einer bekannten Menge an Plutonium. Dennoch wurden «diese Individuen in die Auswertung miteinbezogen, um die Ausscheidungskurve zu verlängern»[30].

Als Resultat erhielt Langham einen leicht korrigierten Rechenausdruck der menschlichen Plutonium-Urinausscheidung in Abhängigkeit von der verflossenen Zeit ($Y = 0,2 X^{-0,74}$, die Langhamformel, wobei Y die im Tagesurin gemessene Plutoniummenge in Prozent der Ausgangsdosis angibt und X dem Zeitraum zwischen Plutoniumaufnahme und Urinmessung entspricht).

Man braucht also nur eine Urinprobe auf Plutonium zu analysieren und den von der Körperaufnahme bis zur Messung verflossenen Zeitraum kennen, dann besorgt jeder bessere Taschenrechner den Rest und berechnet die angeblich ursprünglich inkorporierte Plutoniummenge. Diese läßt sich dann in ihrer Höhe mit den gesetzlichen Grenzwerten vergleichen, ein für den Strahlenschutz leicht handhabbares und daher sehr attraktives Verfahren.

Die Kurve hat eine Standardabweichung von $\pm$ 42 %, also eine hohe statistische Streubreite, die zu sehr hohen Schätzfehlern führen kann: Erfahrungen zeigten, daß die geschätzte Plutoniumgesamtmenge 1000 Tage nach der Aufnahme um 500 % differieren kann. Bei längeren Zeiträumen, erinnern wir uns an Herrn Z., wird der Fehler noch größer.[46]

Schlimmer als diese statistischen Probleme sind aber methodische Fehler seiner Untersuchung, welche die Vergleichbarkeit einschränken und das Ergebnis (ähnlich wie bei der Plutoniumgewebeverteilung) verfälschen:

● Die Patientengruppe war nicht gleichartig bezüglich Alter und Geschlecht. Eine Kontrollgruppe wurde nicht definiert.

● Die injizierten Plutoniumdosen waren ungleich in ihrer Höhe und Zusammensetzung.

● Die Urinmeßdaten waren unregelmäßig und nicht über den gleichen Zeitraum hinweg erhoben worden.

● In den Experimenten wurde ausgerechnet eine Stoffwechseluntersuchung an stoffwechselkranken Personen mit sehr verschiedenen Organdefekten durchgeführt. Einflüsse von Krankheit (z. B. Nierenmetastasen) und Therapie (z. B. urinfördernde Tabletten bei Herzinsuffizienz) auf die Urinmeßdaten wurden nicht berücksichtigt.

Kein Medizinstudent würde heute mit solch fehlerhaftem Experimentalsetting seine Doktorarbeit machen können, geschweige denn seine Arbeit wie die von Langham in der Jubiläumsausgabe einer internationalen Fachzeitschrift (*Health Physics* 1980, Vol. 38) als bahnbrechende Arbeit im Strahlenschutz geehrt sehen.[30] Und das alles ohne jeden Kommentar zur wissenschaftlichen und ethischen Problematik seiner Versuche!

Langham selbst war bei der Veröffentlichung seiner Experimente vorsichtiger gewesen. Der Originalversuch blieb geheim[47], erst elf Jahre später wagte er sich in einem renommierten Journal an die Öffentlichkeit (*British Journal of Radiology*, 1957[48]) und publizierte nur die Resultate, ohne genauer darzulegen, wie er sie gewonnen hatte.

Seither wird damit im Strahlenschutz operiert, was die zusätzliche Inkaufnahme von systematischen Fehlern bedeutet, denn es ist unzulässig, diese Daten auf Situationen zu übertragen, in denen sie nicht gelten bzw. nicht beobachtet wurden:

● Eine kleine Gruppe polimorbid kranker Menschen ist nicht einfach vergleichbar mit der großen Gruppe aller gesunder Atomarbeiter.

● Die beobachteten Versuchswerte erstrecken sich auf einen Zeitraum von maximal 138 Tagen nach den Plutoniuminjektionen. Langhams Formel wird aber auf unbegrenzte Zeiträume angewendet, beispielsweise auch, um noch Jahre nach Plutoniumunfällen die aufgenommene Menge abzuschätzen.

● Die Bedingungen am Arbeitsplatz unterscheiden sich grundlegend von denen des Langham-Experiments. Arbeiter bekommen schließlich kein vierwertiges Plutonium-Zitrat direkt ins Blut injiziert, sondern atmen in der Regel schwer lösliches Plutoniumdioxid ein, welches sich in der Lunge niederschlägt und dort je nach Partikelgröße verschieden lange verweilt. Ein mehr oder weniger großer Teil davon, das sogenannte Lungendepot, bleibt in der Lunge oder den angrenzenden Lymphknoten das ganze Leben lang liegen, ohne je im Blut und damit im Urin zu erscheinen. Arbeiter haben es darüber hinaus selten mit einer einmaligen und akuten Plutoniumaufnahme zu einem definierten Zeitpunkt zu tun, vielmehr sind sie ja häufig einer chronischen, sich wiederholenden Plutoniumexposition kleinster Mengen ausgesetzt, ein Aufnahmemodus, auf den die Langham-Formel gar nicht paßt.

Langham selbst nahm zu dieser Problematik mit einem Diskussionsbeitrag zur Tagung der Internationalen Atomenergiekommission in Wien 1963 Stellung: «Ich glaube daher fest, daß die Diagnose der Körperbelastung unter den jetzt in der Industrie häufigen Kontaminationsbedingungen nach wie vor unser Hauptproblem bleibt: Vor allem durch Kontamination kleiner Wunden und Inhalation. In diesem Bereich haben wir noch einen weiten Weg zu gehen, *und ich würde sogar in meine eigenen Werte kein Vertrauen setzen, wenn ich wüßte, daß das betroffene Individuum in der Lunge oder in Lymphknoten ein Materialdepot hätte*»[44]. (Hervorgehoben vom Autor).

Zum Beweis, wie wenig die Langham-Formel für die Analyse solcher Fälle taugt, ein Beispiel:

Über der kleinen Ortschaft Palomares in Spanien stießen 1966 zwei amerikanische Militärflugzeuge in der Luft zusammen. Dabei starben nicht nur sieben Besatzungsmitglieder, sondern es stürzten auch vier mitgeführte Atombomben herab, wovon zwei zerplatzten und ihren radioaktiven Inhalt, darunter Plutonium, über ein weites Gebiet verstreuten. Die anschließenden Aufräumarbeiten waren aufwendig: Ein großes Aufgebot von Militärpersonal suchte nach den beiden unversehrt gebliebenen Bomben und begann mit der Bodendekontamination, bei der mindestens 1500 Tonnen des Erdbodens abgegraben und per Schiff in die USA zu einer unbekannten Endlagerstätte verfrachtet wurden. Zum Schutz und zur Gesundheitsüberwachung der Beteiligten fertigte man Urinanalysen auf der Basis der Langham-Formel an.

Nun starb völlig zufällig eine Person, deren letzte Urinuntersuchung auf Plutonium unauffällig gewesen war, deren Lunge jetzt aber nachuntersucht werden konnte. Es fanden sich darin 17 Bq, also etwa das 17fache des heute zulässigen Jahresgrenzwertes für die Normalbevölkerung. Die zuständigen Mediziner-Kollegen waren darüber erstaunt und erklärten sich die Sache durch ein unlösliches Depot von Plutonium in der Lunge ohne meßbaren Übertritt ins Blut. Dieses Lungendepot durch Urincounts abzuschätzen sei nicht möglich. Wörtlich «There ist no way of knowing»[49].

Wenn sich also an diesem Beispiel zeigt, was Langham selbst und auch andere Autoren[50,51,52] festgestellt haben, daß nämlich Urinanalysen nicht für eine Abschätzung der Plutonium-Gesamtkörperbelastung geeignet sind, was bewegt dann die Strahlenschutzexperten im In- und Ausland, weiter mit dieser Methode zu arbeiten und wichtige Entscheidungen darauf zu gründen? Die Antwort ist denkbar einfach: Es gibt keine bessere. Ein kurzer Exkurs zu weiteren Plutoniumnachweisverfahren mag dies demonstrieren.

Andere Plutoniumnachweisverfahren

Fäkalcounts

Auch andere menschliche Exkremente wie der Stuhl lassen sich auf Plutonium analysieren durch sogenannte «faecal counts».

Größere Partikel eingeatmeter, schwer löslicher Plutoniumverbindungen werden nach einiger Zeit durch die Flimmerhärchen der Bronchien nach oben transportiert, abgehustet und anschließend verschluckt. Nach einer weiteren Passagezeit taucht das Plutonium dann im Stuhl auf und läßt sich dort nachweisen. Will man die Ergebnisse bewerten, entstehen zwei Schwierigkeiten:
● Man weiß nie, welcher Anteil des eingeatmeten Lungendepots hochgeflimmert wurde und wieviel Plutonium somit noch in den Lungenbläschen zurückblieb.
● Je nach Partikelgröße und chemischer Löslichkeit ändert sich die Reinigungsgeschwindigkeit von Plutonium, und sein Hauptanteil im Stuhl erscheint bisweilen erst 100 Tage nach der Aufnahme. Der sichere, zumindest qualitative Hinweis auf ein Plutonium-Lungendepot kann daher mißlingen, wenn entsprechende Messungen nicht engmaschig und wiederholt durchgeführt werden.[22]

Nasenabstriche

Gibt ein Luftmonitor im Arbeitsraum Alarm, so werden üblicherweise Nasenabstriche durchgeführt. Man putzt sich mit einem Wattestäbchen die Nasenlöcher aus oder schnäuzt sich in ein Papiertaschentuch, um diese Proben anschließend auf Plutonium zu untersuchen. Wie man sich lebhaft vorstellen kann – auch Sie haben manchmal Schnupfen oder atmen durch den Mund –, besteht hier keine einfache Beziehung zwischen Plutonium in der Nase, im Taschentuch oder in der Lunge. Positive Proben geben daher nur einen grob qualitativen Hinweis auf das Vorhandensein eines Lungendepots, negative Proben dagegen schließen es noch nicht mal aus.

Plutoniumanreicherung im Haar

Einmal ins Blut gelangtes Plutonium wird zu einem gewissen Teil auch in wachsende Haare eingebaut. Bislang kennt man diesen «gewissen Teil» aber nicht so recht, weil man nur über eine zuverlässige Referenz verfügt: das Untersuchungsergebnis der Haare von der wiederausgegrabenen Langham-Patientin HP 4[53]. Die Methode ist nicht serienreif und läßt keinerlei Rückschlüsse auf Lungendepots zu, da die Übertrittsrate des Plutoniums aus der Lunge ins Blut sehr variabel ist.

Lungencounts

Aus naheliegenden Gründen wünschte man sich daher eine Methode, die den Plutoniumgehalt der Lunge direkt von außen mißt. Alphastrahlen haben aber im Gewebe eine so geringe Reichweite, daß kein einziges der beim Plutoniumzerfall entstehenden Alpha-Teilchen nach außen dringt und sich zählen läßt. Bestenfalls in etwa 4 Prozent der Zerfälle entsteht eine sehr weiche, sekundäre Röntgenstrahlung (von 17 keV Energie), die sich von außen im Lungencounter messen läßt. «Weich» bedeutet in diesem Zusammenhang, daß das Körpergewebe auch von dieser Strahlung sehr viel absorbiert, nämlich mehr als 90 Prozent. Dieser verschluckte Anteil muß höchst kompliziert berechnet werden. Die Brustwanddicke der betroffenen Person muß vorher mit Ultraschall vermessen werden, wobei Millimeterfehler schon zu einer zweifachen Unterschätzung des Plutoniumgehalts führen können[54]. Strahlendes Plutonium in Leber und Rippenknochen überlagert das Lungenplutonium. Seine Menge muß abgezogen werden und das, ohne daß sein Anteil bei der differenzierten Plutoniumorganverteilung bekannt wäre.

Zudem liegt die Nachweisgrenze der Meßgeräte bestenfalls in der Höhe der erlaubten Plutoniumjahresaktivitätszufuhr von 160 Bq für Atomarbeiter. Sind diese jedoch korpulent oder dick, liegt die Nachweisgrenze des Verfahrens bei 1000 Bq[55], also noch weit darüber.

Trotz dieser schon durch unterschiedlichen Körperbau bedingten Meßprobleme eicht man die Lungencounter an einem «Phantom», einem Plastikmann aus künstlichen Materialien, dem Standardmenschen nachempfunden. In dessen Inneres, zum Beispiel einen der

Lunge entfernt ähnlichen Hohlraum, plaziert man eine definierte Menge Plutonium, außen setzt man den Counter an und kalibriert ihn. Die dazwischenliegenden Materialien müssen dem menschlichen Lungengewebe, Fett, Muskeln und Knochen zumindest in einer Hinsicht gleichen: Sie müssen einen identischen Strahlenanteil schlucken, also den gleichen Absorbtionskoeffizienten aufweisen wie der Standardmensch.

Wie gut ist die Qualität eines Phantoms? So gut wie die Übereinstimmung der verwendeten Materialien mit der Wirklichkeit, wobei der Spielraum gering ist: Schon 6 mm menschliches Gewebe verschlucken die Hälfte der weichen 17 KeV-Strahlung, die gemessen werden soll.

Hierzu zeigt jedoch ein interner Diskussionsbeitrag von wissenschaftlichen Phantombauern nach einem Vortrag 1976 aus dem KFZ Karlsruhe, daß das verwendete Plexiglas des Plastikmenschen einen zu niedrigen Strahlenanteil schluckt, und Paraffinwachs zum Modellieren des Brustkorbs verwendet wurde, «weil es leicht zu beschaffen war».[55a]

Raumluftmessungen

«Die Grenzen von Luftmessungen sind wohlbekannt. Im Fall von normalen Filterproben mit Partikeln aus der Laboratoriums- und Werkstattluft können wir ziemlich sicher sein, daß die Probe *nicht* repräsentativ ist für die Atemluft der Männer. Bestenfalls bekommen wir einen Hinweis auf die in dem betroffenen Gebiet allgemein vorliegenden Bedingungen, ob wir eine hohe oder niedrige Exposition der Personen erwarten müssen. Im schlimmsten Fall bekommen wir eine präzise Information über die Partikel, die genau nicht eingeatmet wurden.»[56] Daß die Feststellungen, die in diesem Zitat von 1963 getroffen werden, keineswegs veraltet sind, möchte ich an zwei Beispielen aus dem Kernforschungszentrum Karlsruhe illustrieren:

Fall 1: «(...) Dabei wurde an der Belademaschine über 20 Minuten eine Plutoniumkonzentration in der Luft von 111 Bq/m^3 gemessen, während die Luftkonzentrationen sonst zwischen 0,004 und 0,04 Bq/m^3 betrugen. Allerdings wurden oft gleichzeitig an eng nebeneinanderliegenden Stellen Konzentrationsunterschiede von mehr als dem Faktor 10 festgestellt, was zeigt, wie wenig relevant für eine Strahlengefahr die Anzeigen von Luftüberwachungsanlagen sind, vor allem wenn mit Plutonium umgegangen wird.»[57]

Fall 2: «(...) Überraschend für den Strahlenschutz war, daß bei einer Raumluftmessung vier Stunden nach Entdeckung des Zwischenfalls eine Plutonium/Americium-Konzentration von 7,4 Bq/m^3 gefunden wurde, obwohl das (ausgelaufene, radioaktive; d. A.) Wasser in den Räumen völlig ruhig stand und man es sich deshalb nicht vorstellen konnte, wie das Plutonium/Americium aus dem Wasser in die Raumluft gelangte. Das war mit ein Grund, daß bei den eingesetzten Mitarbeitern Nasenabstriche durchgeführt wurden...» Später konnte «durch gezielte Experimente nachgewiesen werden, daß die Luftüberwachungsanlagen keine repräsentativen Werte lieferten, weil offensichtlich die Plutonium/Americium-Radioaktivität kurzzeitig und räumlich eng begrenzt aufgewirbelt wird und sich genauso schnell wieder absetzt. Als Mittelwert konnte man feststellen, daß sich die Aktivitätskonzentration der Raumluft jeweils während der Dekontaminationsarbeiten um den Faktor 1000 erhöhte.»[57]

Im Arbeitsschutz eingesetzte Luftüberwachungsgeräte, die in einer Raumecke installiert sind (Raumluftmonitore), können somit Angaben machen, die sich bis zum 1000fachen von der tatsächlichen Plutoniumaktivität unterscheiden, welche der Arbeiter vor sich hat und einatmet.

Unzulänglichkeiten der Plutoniumbeurteilung

Zusammenfassend lassen sich daher einige Thesen formulieren:

1. Der Plutoniumstoffwechsel ist außerordentlich komplex. Vor allem in Abhängigkeit von der physiko-chemischen Zustandsform der Teilchen, ihrer Partikelgröße und dem Weg, auf dem sie ins Körperinnere gelangen, aber auch in Abhängigkeit von Dosis, Alter und Geschlecht des Betroffenen, verteilen sie sich sehr verschieden und auch verschieden lange auf die einzelnen Organsysteme. Die meisten der oben genannten Parameter sind in einer Belastungssituation nicht bekannt und können in den «Berechnung» genannten Abschätzungen nicht berücksichtigt werden.

2. Es ist daher grundsätzlich schwierig, die Dosis der betroffenen Organe[58] und sich daraus ergebende Gesundheitsgefahren im Einzelfall zu schätzen.

3. Für den Menschen angenommene Grenzwerte basieren entweder auf hochgerechneten und übertragenen Tierversuchsdaten oder auf dem Vergleich von menschlichen Radiumschäden zu geschätzten menschlichen Plutoniumschäden. Die festgelegten Höchstwerte sind daher notwendig arbiträr, also willkürlich.

4. Die von den Strahlenschutzorganisationen gesetzten Grenzwerte sind aber nicht «konservativ», d. h. vorsichtshalber auf der

sicheren Seite angesiedelt. Der angenommenen Plutoniumorganverteilung und Dosisabschätzung liegen vielmehr stark vereinfachte und idealisierte Annahmen zugrunde. Die Internationale Strahlenschutzkommission hält das Strahlenrisiko im Niedrigdosisbereich für niedriger als die allermeisten internationalen Autorenteams[59], ohne dafür eine Begründung zu geben.

5. Man verfügt, soweit es Plutonium betrifft, nicht einmal über ein verläßliches Instrumentarium, wenn es darum geht, die Einhaltung dieser fragwürdigen Grenzwerte zu überprüfen. Insbesondere die Art der häufigsten Plutoniumaufnahme, das Einatmen schwer löslicher Verbindungen, läßt sich bis zum Überschreiten der Grenzwerte nicht sicher nachweisen.

So ergibt sich folgende Situation:

«Obwohl aus administrativen Gründen ein präziser Wert manchmal vorgelegt werden müsse, ist dieser doch oft nicht besser als ein gewagter Schuß ins Halbdunkle»[56].

Daß sich eine solche Schlußfolgerung pikanterweise gerade bei Plutonium, der giftigsten und folgenbelastetsten aller radioaktiven Substanzen, ergibt, muß zu denken geben.

Die Langham-Versuche aber habe ich nicht deshalb so ausführlich geschildert und wissenschaftsimmanent kritisiert, weil ich einen idealistischen Appell an die Wissenschaftler richten wollte, sich doch bitte an ihre eigenen Spielregeln zu halten und die Folgen ihres Tuns zu bedenken. Das haben schon ganz andere, Größere als ich erfolglos versucht – nicht zuletzt schon Einstein.

Es ging mir auch nicht primär darum zu zeigen, wo in der Medizin ethische Barrieren übertreten wurden – der *aktuelle Skandal* liegt meines Erachtens vielmehr in der täglichen und gesetzlich vorgeschriebenen[60] Anwendung der Langham-Formel durch Strahlenschutzexperten, die um die methodischen Schwächen und systematischen Fehler dieser Studie wissen und sich trotzdem dieses Instruments immer weiter bedienen, weil sie die politische Prämisse akzeptieren, daß mangels besserer Nachweismethode die Langhamsche noch gut genug sei. Hier wird Unwissen für Wissen ausgegeben.

Die Politiker aber, die Strahlenschutzkommissionen berufen und bewußt nur mit Atomkraftbefürwortern besetzen, sind auch nicht zu entschuldigen. Weniger an einer gegebenenfalls auch kontroversen Abwägung der Gefahren interessiert, liegt ihnen offenbar mehr an vorzeigbaren Grenzwerten und Reaktorsicherheitsstudien. Komplexe Situationen werden per Dekret vereinfacht und plötzlich vertretbar. Das verbleibende «Restrisiko» verantworten sie letztlich nicht und begreifen es wohl auch oft nicht. Die bekannte Geschichte von Oppenheimer, der sich nach dem Bau der A-Bombe weigerte, auch noch die H-Bombe zu konstruieren, zeigt darüber hinaus, was für Druck ausgeübt werden kann, wenn Wissenschaftler politische Verantwortung zeigen.

Was aber den Mythos des *medizinisch* faßbaren Strahlenrisikos betrifft, möchte ich an einem Detail deutlich machen: Gerade das aktuelle Beispiel, wie der Strahlenschutz das Lungenkrebsrisiko nach Plutoniuminhalationen bemißt, zeigt, daß neben den Urinanalysen auch andere, ganz moderne Nachweis- und Berechnungsverfahren unzulänglich sind.

Plutonium in der Lunge

Wenn man gesundheitliche Risiken von radioaktiver Strahlung beurteilen und eingrenzen will, so muß man dieses Problem in vier Fragestellungen angehen, die nacheinander zu klären sind.

1. Ob man den Körper als Ganzes betrachtet oder ein Organ im besonderen, immer muß man fragen: Was sind die strahlensensibelsten Zellen? Die, aus denen am ehesten Krebs entsteht, die «Risikozellen»? Im Knochenmark wären das zum Beispiel die blutbildenden Stammzellen (Spätfolge Leukämie).

2. Welche Dosis gelangt auf welchen Pfaden zu diesen Zellen? Und reichern sie innerhalb des Körpers oder des Organs die Radioaktivität womöglich noch an? Beispiel: Die jodgierige Schilddrüse.

3. Welche dosisabhängige Wirkung entwickelt die Radioaktivität in den Risikozellen? Welche Wirkung entwickelt sie im Gesamtkörper? Beispiel: Ab welcher Dosis kann und ab welcher Dosis muß man mit Lungenkrebs rechnen? Wie viele Leukämien addieren sich hinzu? Ab wann beginnt sich die Lunge zu entzünden, durch Bindegewebewucherungen ihre Elastizität einzubüßen (zu fibrosieren) und ihre Lymphknoten zu veröden?

4. Wie begrenze ich diese Strahlenwirkungen z. B. durch höchstzulässige Arbeitsplatzkonzentrationen?

Zu vielen Einzelaspekten dieser Fragen weiß man eine Antwort, in anderen Teilaspekten ist man auf Hypothesen und Annahmen angewiesen. Die folgende kurze Darstellung des medizinischen Problems von eingeatmetem, inhaliertem Plutonium zeigt, daß die gängige Strahlenschutzpraxis durchaus nicht nur auf dem fußt, was gewußt wird, sondern auch auf dem, was probaterweise nur angenommen wird.

Erste Frage: Welches sind die von der Strahlung am meisten betroffenen Bereiche?

a) *Gesichertes Wissen* über Risikozellen (mit hoher Entartungswahrscheinlichkeit).

In der Lunge gibt es mindestens 40 verschiedene Zelltypen, die je nach der räumlichen Verteilung der inhalierten Radioaktivität unterschiedlich stark belastet werden. Die Strahlenempfindlichkeit dieser Zellen ist nicht genau bekannt. «Die vorhandenen Daten sind inadäquat für eine solch sorgfältige Beurteilung der zu erwartenden Gefahren nach Radionuklid-Inhalation», so schreibt selbst die Internationale Strahlenschutzkommission.[61]

Man weiß also, was man nicht weiß, und man weiß darüber hinaus, daß der häufigste menschliche Lungenkrebs von den Deckzellen, die die innere Oberfläche der Bronchien auskleiden, den Bronchialepithelzellen, ausgeht. Zweitens, daß diese Krebsart insbesondere auch von Alphastrahlern verursacht wird (Plutonium ist ein solcher).[62]

b) *Annahmen* in der Strahlenschutzpraxis:

Eine Differenzierung von Risikozellen in der Lunge gelingt nicht, daher wird nur die Gesamtlunge betrachtet, das heißt, alle Zellen werden unterschiedslos als gleich strahlensensibel und gefährdet angesehen. Sachliche Zweifel werden praktischen Berechnungsinteressen nachgeordnet.

Zweite Frage: Wieviel Strahlung trifft nun diese gefährdeten Gewebebereiche?

a) *Gesichertes Wissen* über Gesamtdosis und die Dosisverteilung in der Lunge:

Die Dosis und ihre Verteilung auf Lungenbläschen, Bronchien, Luftröhre, Lymphknoten etc. ist abhängig von der Häufigkeit und Tiefe der getätigten Atemzüge[63], von der Luftfeuchtigkeit, der Staubteilchengröße und von den Selbstreinigungskräften der Lunge, die ihrerseits beeinflußt werden durch die Frage:

● Ob in der plutoniumhaltigen Luft noch andere chemische Reizstoffe enthalten sind. Wenn ja, behindern diese die Selbstreinigung der Lunge erheblich.[64]

● Ob die betroffene Person raucht, denn dann sind bis zu 37 und mehr Prozent des reinigenden Flimmerepithels zerstört.[65]

● Welche Größe die in Frage kommenden Plutoniumpartikel aufweisen[66,67,68,69,70]: Denn ein Plutoniumoxydpartikel mit einem zehntausendstel Millimeter Durchmesser sendet alle 15 Stunden ein Alphateilchen aus. Ein Partikel mit einem tausendstel Millimeter Durchmesser schießt jedoch 1000 Alphateilchen in 15 Stunden ab, das heißt der zehnfache Durchmesser hat die 1000fache Aktivität.[64] Entsprechend werden Freßzellen, die große Partikel (und damit große Dosisanteile) abräumen wollen, schnell zerstrahlt und kommen nicht weit. Großkalibrige Partikel können daher jahrelang in der Lunge liegenbleiben, während sich die gleiche Menge an Radioaktivität in Form ultrafeiner Partikel sehr schnell physikalisch lösen kann und ins Blut übertritt, ungeachtet ihrer chemischen Unlöslichkeit.[71,72,73]

Schließlich ist auch die Dosishöhe wichtig, mit der sich Plutonium in den Lymphknoten konzentriert. Man weiß, daß die wenigen Zellen der Lungenlymphknoten (max. 15 Gramm) gegenüber normalem Lungengewebe (ca. 1000 Gramm) Plutonium um ein Mehrhundertfaches anreichern. Nach einigen Jahren ist letztlich in ihnen mehr von dem Gesamtplutonium gespeichert als in der ganzen Restlunge.[74,75,64]

b) *Annahmen* in der Strahlenschutzpraxis:

● Die komplizierte Situation wird vereinfacht, weil in der Regel Atemzugvolumen, Mund-/Nasenatmung, Partikelgröße und Löslichkeit des inhalierten Plutoniumaerosols nicht bekannt sind. Unter der Voraussetzung, daß die radioaktive Raumluftaktivität erfaßt sei (wiewohl sie bei Raummonitormessungen oft um Größenordnungen strittig ist), wird formal und modellhaft festgelegt:

37 Prozent aller eingeatmeten Aktivität werden wieder ausgeatmet;

30 Prozent bleiben in Nase und Rachenraum hängen, werden schnell verschluckt;

8 Prozent des eingeatmeten Plutoniums schlagen sich in den Bronchien nieder, werden anschließend hochgeflimmert und auch verschluckt;

25 Prozent nur gelangen in die Lungenbläschen, wo mit ebenfalls festgelegten Proportionen andere Selbstreinigungsprozesse ablaufen.

All den vorangenannten Überlegungen trägt das Lungenmodell der Strahlenschutzverordnung nicht Rechnung. Die auf diese Weise «berechnete» verbleibende Dosis der Radioaktivität wird über 1000 Gramm Lungengewebe unterschiedslos gemittelt. Es gibt in den Strahlenschutzannahmen weder ein Problem der extremen Plutoniumanreicherung (und Dosis) in Lungenlymphknoten, noch ein Problem mit «heißen» Partikelteilchen, die wegen ihrer Größe und Strahlungskonzentration besonders schädlich für ihre Umgebung sind. (Eine differenzierte Abhandlung der «hot particle»-Problematik findet sich bei Blum 85[76] und Huth[77].)

Dritte Frage: Welche Strahlenschäden sind zu erwarten?

a) *Gesichertes Wissen* über die dosisabhängige Wirkung von Plutonium in der Lunge:

● Da sich die Partikel vor allem in den Lymphknoten der Lunge anreichern, entfalten sie dort auch ihre größten Wirkungen. Das Gewebe wird sichtbar zerstört und beeinträchtigt, und auch in niedrigen Dosisbereichen wird bereits die Schwelle für akute Strahlenschäden leicht überschritten. Bei einer Belastung von 30 Bq/g Lunge verhärten die Lymphknoten, bilden Fasern und Narbenstränge aus und büßen ihre Fähigkeit ein, Lymphozyten, eine bestimmte Sorte weißer Blutkörperchen, herzustellen.[61] Ihre Filterfunktion im Lymphstrom geht damit verloren, ihre Möglichkeit, sofort lokale Abwehrstoffe zur Krebsbekämpfung zu bilden, wird reduziert. Es folgt ein Verlust an Immunkompetenz, das heißt, der Körper kann sich gegen neu gebildete Krebszellen (zum Beispiel des Bronchialepithels) im Einflußbereich eines geschädigten Lymphknotens schlechter und verspätet zur Wehr setzen.[77]

● Das Ausmaß der Lymphknotenschädigung läßt sich nicht unmittelbar aus der eingeatmeten Plutoniumaktivität berechnen. Es existiert auch noch kein gesichertes Wissen über das Ausmaß verlorener Immunkompetenz in Abhängigkeit von der Dosis, das heißt, im Niedrigdosisbereich ist die plutoniumbedingte Gefahr der Krebsentstehung für den Menschen noch nicht quantifiziert.

● Es liegt darüber hinaus kein Wissen vor, wie die im Körper zirkulierenden Lymphozyten die in den Lymphknoten konzentrierte Bestrahlung vertragen.

● Man weiß allerdings, daß kokanzerogene Stoffe die Krebsentstehung durch Plutonium zusätzlich fördern können. Als Beispiele sollen nur die städtische Luftverschmutzung oder das Rauchen erwähnt werden: Letzteres schädigt die Lunge nicht nur durch Zerstörung des Flimmerepithels oder durch Belastung mit Teerstoffen – die Bronchien von Rauchern enthalten ohnehin schon eine gegenüber Nichtrauchern zehnfach erhöhte Alpha-Aktivität[78], da jede Zigarette 0,0018 Bq an radioaktivem Polonium 210 enthält.[79]

b) *Annahmen* in der Strahlenschutzpraxis:

● Das Lungengesamtrisiko wird aus Tierversuchen abgeleitet und auf den Menschen übertragen.

● Die relative biologische Wirksamkeit von Plutonium wird für alle Lungenzellen gleichgesetzt, unabhängig von ihrer Strahlensensibilität und Plutoniumanreicherung. Spezielle Schutzfaktoren für das lymphatische Gewebe oder für den Einfluß des Rauchens sind nicht vorgesehen.

Vierte Frage: Begrenzung der Strahlengefahr:

a) *Gesichertes Wissen* über die Höhe der Gesundheitsgefahren im Niedrigdosisbereich liegt für Plutonium nicht vor. Alle Annahmen beinhalten somit notwendig gewisse Unwägbarkeiten. Eine sichere Risikobegrenzung kann nur vorgenommen werden, wenn die Annahme eventueller Grenzwerte für diese Imponderabilien Spielraum läßt und für bekannte, aber noch nicht quantifizierte Effekte (Lymphknotenschäden, Kokanzerogene) vorsichtshalber Sicherheitsfaktoren angesetzt werden.

b) *Annahmen* in der Strahlenschutzpraxis:

Die Internationale Strahlenschutzkommission geht in ihrer 31. Fachpublikation von dem «Glauben» aus, daß pro rem Lungenbelastung durch Plutonium bei einer Million Menschen nur in zwanzig Fällen Lungenkrebs entstehe.[61] Dabei wird zugegeben, daß diese Annahme Unsicherheiten enthält: «Menschen- und Tierdaten sowie die verfügbaren Theorien zur Krebsentstehung – beide sind ungeeignet, im Niedrigdosisbereich Risikoschätzungen zu berechnen.»[61] Dennoch wird die obige Gefahrenabschätzung ohne Korrektur- und Sicherheitsfaktoren für die Fehler- und Streubreite der eigenen Hypothesen vorgenommen.

Interessant ist darüber hinaus, daß auf einer Tabelle der gleichen Fachpublikation die Internationale Strahlenschutzkommission (ICRP) ihre eigene Schätzung als die im Autorenvergleich niedrigste ausweist.[61] Sie hält die Strahlung damit für am wenigsten gefährlich – Argument: Für Strahlenschutzzwecke seien die Schätzwerte hinreichend. Sogar Übervereinfachungen («oversimplification») könnten in Kauf genommen werden.[87]

Ein weiteres Beispiel mag das verdeutlichen: Schon 1975 machte der emeretierte Berkeley-Professor J. W. Gofman, Arzt und promovierter Nuklearphysiker, Mitentdecker von Plutonium und mehrfach wissenschaftlich ausgezeichneter Preisträger der Internationalen Strahlenschutzkommission (ICRP), folgende Rechnung auf: Nimmt man im Gegensatz zu den null Prozent der ICRP an, daß sich im Bronchialbaum wegen Flimmerhärchendefekten auch nur 3 Prozent des inhalierten Plutoniums länger aufhält und einige Zeit liegenbleibt, und berechnet man von diesen 3 Prozent die in das kritische Gewebe des Bronchialepithels (Masse 1 g) eingestrahlte Dosis, so würde diese Dosis 103mal so groß sein wie die Dosis pro Gramm normales Lungengewebe. Um den entsprechenden Faktor wäre dann aber auch gegenüber den offiziellen Annahmen das Lungenkrebsrisiko erhöht.[81]

Später schreibt Gofman selbst zu seinem Konzept, daß es gar nicht so sehr darauf ankomme, seine These von der unvollständigen Bronchialreinigung zu akzeptieren – jene genau 3 Prozent zunächst im Bronchialepithel zurückbleibendes Plutonium. Vielmehr gehe es darum, daß sich die ICRP mit ihrer unbewiesenen Annahme einer absolut vollständigen Reinigung des Bronchialepithels in der Risikoabschätzung dieses für menschlichen Lungenkrebs wesentlichen Gewebes einer Unterlassungssünde schuldig mache. Entgegen experimentellen Befunden verhalte sich die ICRP hier in der Sache sehr unvorsichtig.[82]

So zeigt sich auch das in der deutschen Strahlenschutzverordnung angewendete ICRP-Lungenmodell als realitätsfern. Seine auf die Einzelperson angewendeten formelhaften Aussagen beschreiben die Gesundheitsgefahren etwa ähnlich hinreichend wie die Reaktorsicherheitsstudien, die alle 10 000 Jahre einen GAU prophezeien. Wegen vieler unberücksichtigter Parameter hält sich die Wirklichkeit aber nicht an diese formalisierten Durchschnittswerte – das haben wir bereits erfahren müssen.

Fairerweise sollte gerade für Plutoniuminhalationen zugegeben werden, daß von medizinischer Seite das «Risiko» noch nicht adäquat beschrieben werden kann. Dies gilt um so mehr für Unfallsituationen, in denen weder die ursprünglich vom Körper aufgenommene Menge Plutonium noch seine Verteilung über die Stoffwechselwege, noch seine Ausscheidungsfunktion ausreichend quantitativ abgesichert sind.[63] Sehr kleine Variationen in den Ausgangsannahmen – auch das hat Tschernobyl gezeigt – können riesige Fehleinschätzungen der biologischen Konsequenzen zur Folge haben.

Die Gefahren der Radioaktivität

In der Strahlenbiologie, wie in anderen wissenschaftlichen Gebieten auch, können Diskussionen über methodische Fragen leicht ermüdend und unergiebig werden. Dennoch entstehen sehr schnell ernste Mißverständnisse, wenn man solche Fragen übergeht. Daher soll in diesem Kapitel versucht werden, die Grundlagen der Strahlenbiologie so kurz wie möglich zu rekapitulieren. Nur so kann sichtbar werden, welche gesundheitliche Problematik der in unserer Umwelt (ist es noch «unsere» Umwelt?) steigenden Radioaktivität zuzuordnen ist.

Am Anfang sollen einige Begriffserklärungen stehen, denn schon bei diesen zeigt sich, wie problematisch die theoretischen Grundlagen sind, auf die sich die Abschätzung einer Gefährdung durch Radioaktivität gründet.

Das Becquerel

(Maß für die Aktivität)

Die Radioaktivität eines Stoffes drückt sich in der Häufigkeit seiner atomaren Zerfallsprozesse aus. Maß für diese **Aktivität** ist das Bequerel (Bq), ein Terminus, der in der jüngsten Zeit schon zum Bestandteil der Umgangssprache wurde: Ein Becquerel (Bq) entspricht einem atomaren Zerfall pro Sekunde. Viele Bq geben daher numerisch Aufschluß über die Vielzahl radioaktiver Zerfälle, egal ob hoch- oder niedrigenergetisch, «hart» oder «weich», Teilchen oder Welle, Korpuskelstrahlung oder Energiequant, ob Alpha- (Heliumkern, Paket aus je zwei Protonen und Neutronen), ob Beta- (Elektronen), ob Gammastrahlung (Photonen) – die Einheit Becquerel (Bq) beschreibt die Aktivität nur summarisch.

Zur Veranschaulichung: Stellen Sie sich vor, Sie schweben mit einem Fesselballon als Beobachter hoch über den Frontlinien des Ersten Weltkrieges. Unten tobt der Kampf in einem unübersichtlichen Waldstück, und Sie vermerken jeden Schuß, den sie hören, auf einer Strichliste. Diese vermittelt Ihnen einen Eindruck von der Aktivität dort unten, auch wenn Pistolenschüsse durch die gleichen Striche repräsentiert sind wie schwere Mörser, auch wenn Sie gar nicht wissen, wer auf wen zielt und trifft und auch wenn Sie den fast lautlosen Nahkampf so gar nicht erfassen können, ebensowenig wie übliche Geigerzähler die Alphastrahlung registrieren.

Die Größe Becquerel (Bq) ist zwar technisch relativ leicht zu messen – und dies macht sicher einen Teil ihrer aktuellen Beliebtheit aus –, aber sie hat für die Bewertung der gesundheitlichen Gefahren radioaktiver Strahlung praktisch keinen Aussagewert.

So grenzt beispielsweise die Aussage, daß eine Bodenaktivität von 37 000 Bq/m^2 etwa dem zehnfachen Niveau der natürlichen Strahlung entspricht, an Irreführung: Weder wird damit etwas über Art und Energiegehalt dieser Strahlung gesagt, noch geht aus dem Meßergebnis hervor, durch welche Substanzen (mit ihren je unterschiedlichen Gefahrenpotentialen) sie verursacht wird. Radioaktives Jod als Hauptursache der hohen Werte unmittelbar nach dem Reaktorunfall in Tschernobyl war selbst mehr als tausendfach gegenüber vorher erhöht und kommt in der Natur praktisch nicht vor. Und auch die natürliche Radioaktivität ist natürlich nicht harmlos, um so weniger ein Vielfaches davon.

Die üblicherweise praktizierte qualitative Gleichsetzung von nuklearer Aktivität, wie sie als Folge einer Atombombenexplosion oder eines Kernkraftunfalls auftritt, mit der natürlichen Strahlenbelastung in der Dimension «Zerfälle pro Sekunde» (Bq), führt tendenziell zu einer Verharmlosung der technisch produzierten Radioaktivität.

Die nach Tschernobyl z. B. in München gemessenen 400 000 Bq/m^2 entsprechen z. B. einer Aktivitätsmenge, die – zumindest – in Industrie und Laboratorien die gesetzlich vorgeschriebene Dekontamination auslösen muß. Diesen Vorschriften zufolge hätte auch Milch mit der nach Tschernobyl zulässigen Zahl von 500 Bq als radioaktives Abwasser angemeldet und behandelt werden müssen.

Aber da die Strahlenschutzverordnung (StrlSVO) primär den Normalbetrieb in der Industrie regelt, enthält sie *keine* Handlungsanweisungen für den Fall, daß Wälder und Wiesen mehr Becquerel enthalten, als sonst im Kontrollbereich von Atomkraftwerken zulässig sind! So mußte man sich halt darauf beschränken, im Mai in der Marburger Kernchemie die Schuhe vor der Tür zu wechseln, um nicht zuviel Aktivität von draußen nach innen zu schleppen.

Das Gray

(früher rad, Maß für die Energiedosis)

Dennoch, ob das Zehnfache des Natürlichen, in einer Höhe, die das Drinnen und Draußen der Kontrollzonen von Atomkraftwerken verkehrt – ob diese Dimension (in Bq) gesundheitsrelevant ist, darüber gibt erst die **Dosis** etwas mehr Aufschluß. Gemessen wird sie in rad, oder – da rad und rem seit dem 1. Januar 1986 nicht mehr benutzt werden dürfen – besser in Gray (Gy), wobei gilt:

$$1 \text{ Gy} = 100 \text{ rad} = 1 \text{ Joule}/\text{kg}$$

Die Dosis (Gy) bezeichnet die vom Körper oder dem interessierenden Gewebe tatsächlich absorbierte Energie (J/kg). Hier wird also nicht die globale, äußere atomare Zerfallshäufigkeit, die Aktivität, gezählt, sondern die Anzahl und Wucht der einzelnen Treffer auf meinen Körper – und damit die Gesamtenergie summiert.

Allerdings wird dieser Zuwachs an Präzision mit vielen problematischen Randannahmen erkauft, die eine Schätzung des «Risikos» wiederum erschweren.

Um Bq in Gray (Gy), das heißt die *Aktivität* in die *Dosis* (also die vom Gewebe absorbierte Energie) umrechnen zu können, muß nicht nur der Energiegehalt der Strahlung bekannt sein, sondern auch, von welchen Radionukliden diese Strahlung verursacht wird. Diese Informationen sind aber (meßtechnisch und/oder politisch bedingt) nicht immer gegeben: Spätestens mit Tschernobyl dürfte deutlich geworden sein, daß Untersuchungen über die Zusammensetzung der nu-

59

klearen Verseuchung nur in unvollständigen und entdramatisierenden Häppchen veröffentlicht werden. So fanden Ruthenium, Yttrium, Cäsium 134, Plutonium etc. kaum Erwähnung, obwohl sie für die Umwelt durchaus nicht belanglos sind.

Auf diesem Hintergrund erklärt sich, daß selbst scheinbar widersprüchlichen Informationen jeweils ein gewisser Wahrheitsgehalt eigen ist. Zum Beispiel sind die folgenden Zeitungsstatistiken beide im Recht:

Die *Frankfurter Allgemeine Zeitung* mit ihrer Behauptung: die infolge von 73 oberirdischen Atomtests (bis zum Jahre 1963) niedergegangene Gesamt-Aktivität sei mit mehr als $50000 \, \text{Bq/m}^2$ global deutlich höher gewesen als die nur durchschnittlich ca. $20000 \, \text{Bq/m}^2$ nach Tschernobyl –

ebenso wie die Zeitschrift *Eltern* (7/86) mit dem Hinweis auf eine jetzt fünfmal so hohe Cäsium-Belastung gegenüber allen früheren Kernwaffenversuchen.

Beiden Statistiken ist darüber hinaus eine Mittelwertbildung gemeinsam, die lokale Konzentrationsunterschiede nicht erfaßt. Solche Durchschnittswerte stellen bei einer hohen Streuung der einzelnen Meßergebnisse nur eine Halbwahrheit dar, ebenso wie globale Aussagen über die Gesamtradioaktivität Extremspitzenwerte einzelner Nuklide wie beispielsweise von Cäsium nicht deutlich machen.

Die Umrechnung von Bq in Gray (oder rad) gelingt daher nur in Kenntnis der *Proportionen des beteiligten Nuklid«cocktails».*

Eine zweite, ebenso wichtige Voraussetzung für diese Umrechnung ist genaues Wissen über die *räumliche Beziehung des Betroffenen zur Strahlenquelle.* Nicht nur, daß es einen Unterschied macht, ob ich in Kiew, Kassel oder Köln geatmet habe, ob man einer vom Boden ausgehenden Beta-Strahlung im Gras liegend oder auf einer 2 m hohen Leiter (außer Reichweite) ausgesetzt ist, ob man bayrische oder hessische Milch getrunken hat, mit welchen Transferfaktoren sich die Nuklide in den Nahrungsmitteln angereichert haben, die Nähe zur Strahlenquelle ist maßgeblich für die Trefferhäufigkeit meines Gewebes und damit für die aufgenommene, die absorbierte Energie.

Als dritte wichtige Voraussetzung zur Dosisberechnung muß ich die *Stoffwechselwege der beteiligten Nuklide* kennen: Wo reichert sich wieviel Jod an? Wo Cäsium oder Plutonium? Die Gesamtkörperdosis ergibt sich erst aus der Summe der Strahlendosen aller von innen und außen bestrahlten Organe.

Die vierte wichtige Voraussetzung zur Dosisberechnung ist *die Zeit.* Wie viele Stunden am Tag habe ich die gefilterte Luft in der Klinik gegenüber der ungefilterten Luft zu Hause geatmet? Wie lange haben meine Kinder im Regen gespielt etc.? – aber auch: wie schnell scheidet mein Körper inkorporiertes Cäsium wieder aus? (zur Hälfte in 30 Tagen) oder Plutonium? (zur Hälfte in ca. 100 Jahren!). Und nicht nur die Richtung von Stoffwechselwegen der einzelnen Elemente muß man kennen, sondern auch die Geschwindigkeit, mit der diese Wege beschritten werden.

Beispiel: In Kassel wurden am gleichen Tag (5.6.1986) bei zwei verschiedenen Personen Konzentrationsunterschiede von Jod 131 im Urin gemessen, die um das Tausendfache auseinanderlagen. Ähnliches gilt für Muttermilchproben:

Breidenbach: 27.5.86: 45000 Bq/Liter Jod 131
Lollar: 26.5.86: kleiner 5000 Bq/Liter Jod 131
(Quelle: Hess. Soz.-Minist.: Die Folgen von Tschernobyl, S. 202)

Solche gemessenen, nicht geschätzten Differenzen lassen sich nur dadurch erklären, daß sämtliche zur Dosisberechnung notwendigen Voraussetzungen – Zusammensetzung des Nuklidcocktails, räumliche Beziehung zu meinem Körper, zeitliche Einwirkdauer – außerordentlich inhomogen, uneinheitlich und schlecht verallgemeinerbar sind. Ungleichmäßiger Körperbau, unterschiedliche Nahrungsmittelkonzentrationen, individuelle Verhaltensweisen und Eßgewohnheiten, Zufälle der Großwetterlage und vieles andere mehr machen jede individuelle Dosisberechnung zu einer Gleichung mit vielen Unbekannten ($x_1 x_2 x_3 x_4 \ldots x_n$). Diese Unbekannten können nun entweder in mühevoller Kleinarbeit versuchsweise abgeschätzt werden – was engmaschige und valide Messungen voraussetzt! –, oder man kann mangels solcher Messungen dem interessierten Bürger auch ein X für ein U vormachen.

Ein weiteres Problem des Dosisbegriffes (absorbierte Energie pro Masse bzw. Kilogramm) liegt darin, daß er sinnvoll nur auf entsprechend große Massen oder Gewebevolumina bezogen werden kann. Mag dies für Beta- und Gammastrahlen auch üblich sein, so ist es für Alphastrahlen jedoch weniger stimmig: Ein von Plutonium 239 entsandter Alphapartikel hat im Knochenmark eine Reichweite von nur 37 Tausendstel Millimetern. Auf dieser extrem kurzen Strecke gibt er die Energie von 5,14 Millionen Elektronenvolt an seine unmittelbare Umgebung ab, so daß in einem winzigen Bahnzylinder von besagter Länge eine Dosis von 10000 Gray freigesetzt wird. Bezieht man diese Dosis auf das viel größere Volumen eines Zellkerns, so bekommt dieser durch denselben Treffer nur noch 1 Gray. Bezogen auf die ganze Zelle liegt die Dosis eines Alpha-Treffers noch viel niedriger, und bezogen auf ein Gramm Gewebe kann man sie praktisch vergessen.

Deshalb ist es in der Alpha-Dosimetrie eigentlich Unsinn, Dosen über ganze Organe zu mitteln, wie man es zum Beispiel bei Plutonium in der Lunge macht. Hier sind vielmehr mikrodosimetrische Verfahren gefragt, welche die Anzahl der Treffer und deren Energie auf die Risikozellen beziehen. Diese Verfahren sind aber noch nicht rechenreif und entwickelt genug, um in die deutsche Strahlenschutzverordnung Eingang gefunden zu haben.

Dies ist ein weiterer Grund, warum die Dosis als Maß für die körperlich absorbierte Globalenergie keinen exakten Aufschluß gibt über das Strahlen-«Risiko», das mit diesem Energiebeschluß verbunden ist, zumal der Risikobegriff ohnehin problematisch ist und, bezogen auf unser Thema, eher durch den Begriff «Strahlengefahren» ersetzt werden sollte – denn zu gewinnen gibt es hier nichts.

Das Sievert

(früher rem, Maß für das Dosisäquivalent)

Gleiche Energiedosen verursachen nicht gleichwertige biologische Schäden. 5 Gray Gammastrahlung beispielsweise sind weit ungefährlicher als 5 Gray Alphastrahlung, weil Alphateilchen in die Zellen große Löcher reißen, entlang ihres kurzen Weges weit mehr chemische Bindungen knacken und die biologischen Schäden schlechter reparabel sind. Das ist auch der Grund für die sehr geringe Reichweite der Alphateilchen. Sie ecken links und rechts zuviel an, reagieren mit der gesamten Materie rundum und hinterlassen auf ihrem kurzen Weg eine Spur der Zerstörung. Plastisch stelle man sich einen kleinen Schützenpanzer vor, der in eine Fichtenschonung einbricht, bis er steckenbleibt. Ein Gammastrahl gleicher Energie hingegen wäre hier eher einer Flintenkugel vergleichbar, die durch eine solche Baumschonung auch schon mal hindurchzischen kann, ohne einen einzigen Stamm zu verletzten und dann mit (in Luft) nahezu unbegrenzter Reichweite ihren Weg fortsetzt.

Plutonium als Alphastrahler hingegen reagiert schon heftig mit Kleidung und anderen leichten Abschirmungsmaterialien. Selbst direkt auf der Haut hat es nur eine sehr geringe Eindringtiefe. Gefährlich wird es erst dann, wenn Plutoniumteilchen ins Körperinnere gelangt sind (Inkorporation) und dort mit großer Beharrlichkeit ein Leben lang die Zellen in ihrer Umgebung immer wieder zerstrahlen.

Weil das so ist, wurde zur Vergleichbarkeit von dosisabhängigen biologischen Wirkungen (Schadensäquivalenten) der Begriff **Dosisäquivalent** geprägt. Seine Einheit ist das inzwischen berühmte rem (gewesen, jetzt Sievert [Sv] 1 Sv = 100 rem). Die Idee dabei ist, die *Energiedosis (Gray/rad)* mit einem Schädlichkeitsfaktor (Qualitätsfaktor Q) zu multiplizieren, um zur biologischen Wirksamkeitsdosis bzw. *Äquivalentdosis (Sievert/rem)* zu kommen. Dieser Faktor wurde für Alphastrahler mit Q = 20 angesetzt, das heißt, eine Plutoniumstrahlung mit einer Energiedosis von 1 Gray bewirkt eine Äquivalentdosis von 20 Sievert (bzw. 1 rad = 20 rem), während für Beta- und Gammastrahlen eine etwa identische biologische Schädlichkeit angenommen wird bei Q = 1. Für Beta- und Gammastrahlen gilt daher: 1 Gray = 1 Sievert bzw. 1 rad = 1 rem, während man bei Alphastrahlen die Dosis (Gray/rad) mit 20 multiplizieren muß, um die biologische Äquivalentdosis (Sievert/rem) zu erhalten.

Alphastrahlen sollen also 20mal schädlicher sein als gleichenergetische Gammastrahlen. Gilt dieses fixe Verhältnis 1:20 immer? Laut Strahlenschutzverordnung ja – in der Realität leider nicht:

Kompliziert wird das Konzept des rem noch dadurch, daß die relative biologische Wirksamkeit der Strahlung von Gewebe zu Gewebe beziehungsweise Organ zum Gesamtorganismus für dieselbe Strahlung unterschiedliche Werte annehmen kann. Es erheben sich daher auch Zweifel, ob für Alphastrahler ein fester Schadensfaktor Q = 20 berechtigt ist. Die vom Gewebe zum Organismus unterschiedlichen rem-Werte resultieren offenbar daraus, daß neben der reinen Energieübertragung noch andere Faktoren wie Art und Zustand des getroffenen biologischen «Materials» (Temperatur, Sauerstoffsättigungsgrad, Anwesenheit von Radikalfängern, Zellteilungsrate) von Bedeutung sind. «Wenn man von rem bzw. Sievert spricht, muß man also bei dicht ionisierender Strahlung auf jeden Fall noch das zur Diskussion stehende Gewebe oder Organ zur Charakterisierung nennen. Oder anders ausgedrückt, müßte man Q mit einem Zusatz versehen wie Q (Augenlinse), Q (Ganzkörperletaldosis), Q (Keimdrüsen), Q (Darmzottenzellen) usw. Da Plutonium und Radium zu den dicht ionisierenden Strahlern gehören, kommt diesen Befunden eine große Bedeutung zu.» So schreibt Professor Graul im *Deutschen Ärzteblatt*[84]. Er war ehemals Vorsitzender derjenigen Ärztekommission, welche der friedlichen Kernenergienutzung gesundheitliche Unbedenklichkeit bescheinigte.

Diese Liste von Gründen, die gegen einen fixen Umrechnungsfaktor Q von rad in rem sprechen, ist durchaus noch unvollständig.

Zum Beispiel variiert der Q-Faktor auch je nachdem, welchen Schaden man ins Auge faßt und vergleichen will: Bei bestrahlten Samenzellen führte Plutonium (Alpha-Emitter) dreizehnmal häufiger (Q=13) zu tödlichen Mutationen als gleichenergetische Gammastrahlung. Chromosomenschäden, wo Bruchstücke ihren Platz vertauschten (nicht tödliche Mutation), traten 38mal häufiger auf (Q=38), und abnormale Spermien waren 25mal häufiger (Q=25)[85].

Ein anderes Experiment zeigte die Streubreite der möglichen relativen biologischen Wirksamkeit von Plutonium: Unter bestimmten Experimentalbedingungen lag der Faktor sogar bei 119[86].

Für die deutsche Strahlenschutzverordnung ist das zu kompliziert, um Berücksichtigung zu finden. Die besagte formale Rechenvorschrift (Dosisäquivalent in Sievert = physikalische Dosis in Gray mal Q) vereinfacht die Realität. Erneut liegt der administrativ festgestellte Umrechnungswert von Q=20 weder im arithmetischen Mittel der Experimentalwerte (Q=9,5 bis größer 100) noch auf der sicheren Seite.

Der im Strahlenschutz definierte Begriff der Äquivalentdosis (rem bzw. Sv) legt sprachlich nahe, daß gleiche rem-Zahlen am gleichen Ort gleiche Wirkung hätten. Dies ist tatsächlich jedoch nicht der Fall. Die relative biologische Wirksamkeit der verschiedenen Strahlenarten ist mit dem Q-Faktor nicht hinreichend beschrieben.

Der Dosisfaktor

(zur Umrechnung von Becquerel in Sievert ‹rem›)

Rad in rem umzurechnen bzw. Gray in Sievert, ist dank der festen Q-Faktoren ($Q=20$ für Alpha-, $Q=1$ für Beta-/Gammastrahlen) relativ einfach. Wie aber rechne ich Becquerel in Sievert (bzw. rem) um und finde so, von der vorhandenen Radioaktivität ausgehend, die gesundheitsrelevante Dosis? Betrachten wir zum Beispiel Jod 131: Trinke ich einen Liter Milch mit seinerzeit zulässigem 500 Bq Jod 131 und multipliziere ich diese Zahl der Becquerel mit dem in der Strahlenschutzverordnung für Jod angegebenen *Dosisfaktor* (für Nahrungsaufnahme), so erhalte ich durch einfaches Malnehmen die Schilddrüsendosis in Sievert (bzw. $\times 100$ in rem).

Klingt ganz einfach, dieses Konzept des Dosisfaktors, nur muß man ihn erst mal kennen und im Besitz entsprechender Tabellen sein, denn er ist für jedes radioaktive Element eigens festgelegt.

Der Dosisfaktor ist das Ergebnis einer umfangreichen Rechnung, bei der viele Größen bekannt sein müssen, zum Beispiel:
- die jedem Element eigene, pro Zerfallsakt (also pro Bq) freiwerdende Energiemenge
- der Qualitätsfaktor für Alpha-, Beta-, Gammastrahlung
- die Masse des Organs, wo die Energie absorbiert wird
- der Prozentsatz der Aktivität des Nuklids, der überhaupt zu diesem Organ gelangt, also im Darm aufgenommen wird und über das Blut sich auf die Organe verteilt (Stoffwechseldaten).

Resultat der Rechnung **Becquerel $\times$ Dosisfaktor = Sievert** wäre das Dosisäquivalent, also die in ihrer biologischen Wirkung sogenannte «vergleichbare» Dosisgröße, die nur auf das kritische Organ (für Jod die Schilddrüse) bezogen wird. Da dort die Radioaktivität durch fortschreitenden Zerfall des Nuklids und durch dessen Ausscheidung langsam wieder abnimmt, müssen die erhaltenen Sievert noch auf die Zeit bezogen werden (Dosisleistung). Man benötigt daher noch Kenntnisse der physikalischen Halbwertzeit (Jod 131 zerfällt jeweils zur Hälfte in 8,02 Tagen) und der biologischen Halbwertzeit (aufgenommenes Jod wird zur Hälfte in 120 Tagen von der Schilddrüse an den Körper abgegeben), um zu wissen, wie viele Sievert *pro Jahr* meine 500 Bq in einem Liter Milch ergeben.

Diese Rechnung läßt sich für Jod relativ gut aufmachen, da man aus der medizinischen Forschung weiß, wieviel Prozent verschluckter Jodaktivität bzw. eingeatmeter Jodaktivität (beide haben einen eige-

Von Becquerel nach Millirem

Isotop/ Belasteter Körperteil	Dosis für Erwachsene		Dosis für Kinder	
	alt	neu	alt	neu
Jod 131 (Schilddrüse)	5,1	4,3	42	35
Cäsium 137 (ganzer Körper)	0,11	0,14	0,11	0,093
Cäsium 134 (ganzer Körper)	0,19	0,2	0,19	0,12
Strontium 90 (ganzer Körper) (rotes Knochenmark)	2,4	0,35 1,7	17	1,1 4,7
Strontium 89 (ganzer Körper) (rotes Knochenmark)	0,024	0,025 0,032	0,23	0,25 0,46

Wenn Sie von der Zerfallshäufigkeit radioaktiver Substanzen, die in Bq angegeben werden, auf die Belastung des Körpers schließen wollen, müssen Sie für jedes Isotop den entsprechenden „Dosisfaktor" kennen. Wir haben für Sie ausgerechnet, wieviel Millirem Sie abbekommen, wenn Sie mit der Nahrung 100 Bq des jeweiligen Isotops aufnehmen. Sie können sich dabei entweder auf die bisherige („alt") oder die demnächst gültige („neu") Berechnungsgrundlage „verlassen". Für Jod und Strontium ist die Dosis für das am stärksten betroffene Organ angegeben.

(aus: Natur, Das Umweltmagazin 7/1986)

nen Dosisfaktor) letztlich jeweils in die Schilddrüse gelangen. Andere Organe als die Schilddrüse nehmen keine nennenswerten Mengen Jod auf und können eher vernachlässigt werden. Und schließlich ist auch die biologische Verarbeitung und Ausscheidung von Jod durch die Schilddrüse gut bekannt, so daß sich die Rechnung immerhin aus bekannten Durchschnittswerten erstellen läßt.

Als Resultat einer Summe von Durchschnittswerten hat der Dosisfaktor natürlich seine Tücken und Grenzen: Je nach Alter und Schilddrüsengröße ist er für Kinder zum Beispiel um das zehnfache (!) höher als für Erwachsene. Ebenfalls steigt er in Jodmangelgebieten, wo die Schilddrüse das radioaktive Jodangebot stärker ausnutzt.

Deshalb ist es auch so wichtig, daß sich die tabellarische Umrechnung von Bq in rem bei Jod im Einzelfall praktisch überprüfen läßt: Die von der Schilddrüse abgegebene Strahlung läßt sich von außen mit Meßgeräten wie einer Gammakamera leicht und genau erfassen (was bei Alphastrahlen so nicht möglich ist).

Der eigentliche Grund für die gute Kenntnis des Jodstoffwechsels (eingeschlossen seines Dosisfaktors) liegt also in der möglichen praktischen Überprüfbarkeit einer theoretischen Rechnung von außen und in der Tatsache, daß diese Überprüfung aus medizinischen Gründen auch häufig vorgenommen wurde: Zur Schilddrüsendiagnostik und Therapie sind Messungen mit der Gammakamera nach radioaktiver Jodgabe in der Medizin fast «unendlich» häufig vorgenommen worden. Die gewonnenen Stoffwechselerkenntnisse fußen daher auf gut fundierten, epidemiologischen Daten.

Rufen wir uns noch einmal die Ausgangsbedingungen unserer Überlegung zurück, so konnten wir mit einem auf Erfahrungswissen gut begründeten Dosisfaktor berechnen, wieviel Millirem Schilddrüsenbelastung 500 Bq in einem Liter Milch mit sich bringen. Die Jodaktivität aus Atemluft, Fleisch und anderen Nahrungsmitteln war da noch nicht eingerechnet, läßt sich dafür aber mit Meßgeräten summarisch mitmessen.

Wie sieht das nun bei den anderen Nukliden aus? Für Cäsium oder gar Strontium und Plutonium gibt es keine vergleichbare empirische Datenbasis von Tausenden von Patienten. Es handelt sich auch weniger um bekannte Durchschnittswerte von Energie-, Stoffwechsel- und Zeitkonstanten, die gemeinsam zum jeweiligen Dosisfaktor zusammengezogen wurden, als vielmehr um geschätzte Durchschnittswerte, die sich summieren. Darüber hinaus läßt sich bei Cäsium nur sehr schwer, bei Strontium und Plutonium überhaupt nicht mehr von außen praktisch nachprüfen, ob die Rechnung oder besser die «berechnete Schätzung» der Körperdosis auch mit der Wirklichkeit übereinstimmt.

Versuchen wir daher den gleichen Gedankengang an einem Extrembeispiel wie Plutonium nachzuvollziehen.

Frage: Wieviel beträgt das Dosisäquivalent im Körper in rem, wenn man einen Liter Milch mit einer gegebenen Anzahl von Becquerel Plutonium 239 trinkt?

Auch wenn wir gar nicht wissen, wieviel Bq Plutonium sich in einem Liter Milch, anderen Nahrungsmitteln oder der Luft nach Tschernobyl eigentlich befanden, nehmen wir doch einfach an – wir wollen hier

ja nur ein Versuchsbeispiel wählen, um den in der Strahlenschutzverordnung angegebenen Dosisfaktor zu hinterfragen –, daß sich zu
einer gewissen Zeit (wie lange, das sei auch offengelassen) 0,5 Bq
Plutonium 239 in einem Liter Milch befanden. Das wäre ein Tausendstel der seinerzeit zugelassenen Jodaktivität – ein angenomme-
ner Durchschnittswert (die Höhe der örtlichen und zeitlichen
Schwankungen sei ebenfalls offengelassen).

Nächste Frage: Welche Durchschnittsmenge von diesen durchschnittlich 0,5 Bq nimmt der Darm des Durchschnittsmenschen
schätzungsweise auf?

Die Internationale Strahlenschutzkommission sagt: 0,1 Promille
des Plutoniums im Darm wird resorbiert und gerät in den Blutkreislauf.[87] Diese Behauptung stammt aus Tierversuchen, im wesentlichen
mit Ratten. Von diesen weiß man auch, daß deren Ernährungszu-
stand und die Zusammensetzung der Nahrung die Plutoniumaufnahme um das 2- bis 20fache steigern[88]. Da erneut die ICRP-Risiko-
einschätzung am untersten Rand aller Versuchsdaten liegt, sollte
nach Meinung vieler Autoren der Durchschnittsschätzwert für
menschliche Plutoniumaufnahme zehnfach höher angesetzt werden[89,90]. Trotzdem würden 15 Prozent der Bevölkerung eine dreimal
höhere Dosis als der Durchschnittsmensch erhalten, 6 Prozent eine
fünfmal so hohe. (Der Versuch bezieht sich auf die Darmdosis, die
unter anderem vom Alter der Person abhängt oder davon, ob man
das Plutonium zum Frühstück oder Abendessen zu sich genommen
hat etc.[91]) Konsumiert man eine gegebene Menge Plutonium einma-
lig oder chronisch (in Form vieler kleiner Portionen), so verändern
sich die Anteile, mit denen es sich auf die einzelnen Körperorgane
verteilt[92].

Damit zur nächsten Frage: Wohin wandert das Plutonium im
Blut? Ist seine Anreicherung im Verhältnis Knochen zu Leber 10 zu
90 oder 80 zu 20 Prozent?

Schätzen wir den Durchschnittswert vom Durchschnittswert des
Durchschnittswertes etc. und nehmen an, so wie es die Strahlen-
schutzverordnung tut, daß sich das Plutonium jeweils zur Hälfte auf
Knochen und Leber verteilt.

Für welches Organ soll nun die zulässige Obergrenze definiert
werden? Welches ist somit das «kritische Organ» mit der höchsten
Strahlenanreicherung und -sensibilität? Denn der Dosisfaktor bezieht sich nur auf ein solches. Die Dosiswirkung auf alle anderen Organe wird schlicht vernachlässigt, indem man sich nur mit der Dosis
im strahlengefährdetsten Organ befaßt. Die Strahlenschutzverordnung hält den Knochen für dieses kritische Organ, andere Autoren

68

mit genauso guten Gründen (die in Quelle 93 ausführlich zitiert werden) jedoch die Leber.

Und was wiegen die Knochen nun beim Durchschnittsmenschen? 10 Kilo Standardgewicht. Auf dieses Standardskelett mit seinem Standardanteil an rotem und weißem Knochenmark beziehe ich nun meine Plutoniumdosis und erhalte schließlich eine «rein fiktive»[94] Knochendurchschnittsdosis. Diese ist noch mit dem für Alphastrahlen vorgeschriebenen Qualitätsfaktor von 20 zu multiplizieren – und so hätte ich schließlich als Ergebnis all dieser Rechenschritte, zusammengezogen zu einer einzigen Zahl, eben jenen Dosisfaktor, der multipliziert mit den 0,5 Bq Plutonium in der Nahrung das daraus entstehende gesundheitlich relevante Dosisäquivalent in rem ergibt.

Zusammenfassend läßt sich festhalten:

1. Das in der Strahlenschutzverordnung angegebene Konstrukt «Dosisfaktor» zur nuklidspezifischen Umrechnung von Bq in rem stellt das Resultat einer großen Modellrechnung dar.

2. Für viele Nuklide sind die input-Parameter für dieses Modell, also die Ausgangswerte (z. B. in der Nahrung), die in die Rechnung einzusetzen sind, gar nicht bekannt.

3. Innerhalb der Modellrechnung multiplizieren sich die Fehler der einzelnen Durchschnittswerte, die zudem selten empirisch abgesichert sind. Das Resultat ist für eine individuelle Dosisabschätzung oft unbrauchbar.

4. Das Resultat der berechneten Schätzungen ist für manche Nuklide von außen nicht meßtechnisch überprüfbar. Dies gilt in besonderem Maße für Plutonium, 200000mal krebserregender als die sonst bekannte, am meisten kanzerogene Substanz Benzypren[95].

Dennoch wußte die deutsche Strahlenschutzkommission (SSK) schon am 8. Mai 1986, knapp zwei Wochen nach Tschernobyl, die Folgen der sowjetischen Reaktorkatastrophe für die Bundesrepublik zu beurteilen: Ohne daß schon Plutoniummeßwerte existiert hätten oder das beteiligte Nuklidspektrum aufgeschlüsselt gewesen wäre, wurde die Summe aller Strahlenbelastungen auf «einige 10» Millirem zusätzlich geschätzt[96]. Dies seien etwa 10 Prozent der natürlichen Radioaktivität (ungeachtet der Tatsache, daß natürliche Radioaktivität weder unschädlich ist noch Jod 131 oder Pu 239 überhaupt enthält) und mache auch keine Umstellung von Lebens- oder Ernährungsgewohnheiten notwendig. Zu dieser einstimmigen Empfehlung stehe die Kommission in voller Verantwortung (FAZ 9.5.86).

Aber ab wann ist schon etwas «notwendig»? Wenn es stimmt, wie die Strahlenschutzkommission weiter behauptete, daß auch Grenzwerte für Cäsium nicht notwendig seien und selbst Kleinkinder bei

Einhaltung von 500 Bq Jod/Liter Milch nicht gefährdet seien, dann wären ja wirklich keine Verhaltensänderungen in der Bevölkerung erforderlich gewesen.

Und was heißt hier «Gefährdung», wenn es stimmt, was Minister Riesenhuber gesagt haben soll, daß gesperrte Spielplätze und Grenzwerte für Milch und Fleisch zwar nicht notwendig, aber halt letztlich besser gewesen seien.

Wie groß sind die Gesundheitsgefahren durch Niedrigdosisbestrahlung wirklich?

Potentielle Gesundheitsgefahren radioaktiver Strahlung

Es gibt so ziemlich kein körperliches Gebrechen, welches radioaktive Strahlen nicht hervorrufen können. Ob man nun übliche Krankheitsbilder betrachtet wie Diabetes und Tuberkulose, deren Auftreten durch Bestrahlung gefördert werden kann[97], ob man die Lebenserwartung nimmt, welche sich bei höheren Lebewesen durch Radioaktivität verkürzt[98], ob das Auge strahlengeschädigt erblindet[99], Männer und Frauen unfruchtbar werden[100/101], höhere Totgeburten und Mißbildungsraten[102] gefunden werden, ob man akute Verbrennungen oder Lungenentzündungen betrachtet oder ins Detail geht und sich die durch Plutonium verursachten mikroskopischen Knochenschäden ansieht (Zelltod von Knochen- und Knochenmarkszellen, reduzierte Durchblutung, atypische Knochenbildung, spontane Mikrofrakturen, Wachstumsstop-Linien[103], die in Knochenkrebs[103] und myeloische Leukämie[104] münden können) – es ergibt sich eine nahezu unübersehbare Vielzahl möglicher Strahlenschäden, die aber nach Ursachen und Auftretenswahrscheinlichkeiten zu ordnen sind.

Die übliche Unterteilung unterscheidet einen akut, bei hohen Dosen auftretenden Symptomenkomplex, der unter dem Begriff des «Strahlensyndroms» zusammengefaßt wird und sich auf körperliche Schäden bezieht, die ab einer mehr oder weniger breiten Schwellendosis mit Sicherheit bei allen Betroffenen auftreten (nicht nach dem Zufallsprinzip gestreut) und die deshalb auch «nicht stochastische», nicht zufallsbedingte Strahlenschäden, heißen.

Zu einer zweiten Gruppe gehören die genetischen Folgeschäden und Krebs, bei denen man vorher nicht weiß, wen es (zufällig) treffen wird. Dies sind die «stochastischen», also zufallsverteilten Strahlenschäden. Ihre Auftretenswahrscheinlichkeit steigt mit der erhaltenen Dosis.

Man könnte nun meinen – und dieser Eindruck wird häufig erzeugt –, daß das akute Strahlensyndrom nur bei sehr hohen Dosen auftritt (mehr als 2 Sievert), andere Körperschäden wie spätere Erblindung, Lungenfibrose etc. nur bei hohen Dosen, und daß nur die Krebsfolgen und genetischen Schäden, die bei allen Dosisgraden möglich sind, auch noch bei sehr niedrigen Dosisleveln (wenige Millisievert) auslösbar sind. Übergänge der Dosisbereiche sind jedoch fließend. Manche Menschen können mehr aushalten als andere, und manchmal pflanzen sich Spätschäden auf Frühschäden auf.

Daher muß man bei jedem bekannten Strahleneffekt hinterfragen, wie häufig er bei welcher Dosishöhe auftritt (und sollte dabei im Hinterkopf bewahren, daß viele publizierte Dosisangaben nur grobe Schätzungen sind). Außerdem gilt es zu beantworten, warum manche Strahlenschäden eine Schwelle haben sollen und andere nicht.

Je dichter und länger eine Strahlung einfällt, um so größer die Dosis, um so größer auch die Wahrscheinlichkeit einzelner Zellen, getroffen zu werden. Der Zelltreffer mag ein Loch in die Zellwand reißen, chemische Unordnung im Zellinneren hinterlassen oder den Zellkern schädigen und damit die Erbinformation verändern. Als Resultat stirbt die Zelle entweder ab, oder sie repariert den Schaden wieder, manchmal mit bleibenden Funktionsausfällen. Oder sie vermehrt sich angeschlagen weiter mit der möglichen Folge genetischer Defekte und Krebs. Die «nicht stochastischen» Strahlenschäden (Linsentrübung, Haarausfall, abgestoßene, tote Darmschleimhäute, Verbrennungen etc.) werden alle durch Zelltötungseffekte hervorgerufen, die zahlenmäßig so gravierend sind, daß die Zellregeneration und Erneuerung des Organismus nicht Schritt halten kann. Von daher ergibt sich bereits, daß von einer Mindestdosis ausgegangen werden muß, die für die schnelle Abtötung entsprechender Zellverbände ausreicht und Schäden sichtbar werden läßt. Diese Mindestdosis markiert die Schwelle, unterhalb derer der Akutschaden durch verstärkte Zellerneuerung noch hinreichend ausgeglichen werden kann, oberhalb derer aber Funktionsausfälle von Organen auftreten. Die unterschiedliche Höhe dieser Schwelle bemißt sich nach der Strahlensensibilität und Regenerationsfähigkeit der betroffenen Zellverbände.

Anders liegt die Sache bei den «stochastischen», den zufallsverteilten Strahlenschäden, wie bösartige Neubildungen (Krebs) und vererbte Gendefekte. Hier können noch so kleine Dosen, also auch extrem selten emittierte Alpha-/Beta-/Gammastrahlen, doch immer mal wieder die Erbsubstanz so treffen, daß später Wucherungen ausgelöst werden.

Zwar sollen (aufgrund natürlicher Radioaktivität, chemischer Mutationen und biologischer Übertragungsfehler) täglich bis zu 150 000 Krebszellen in menschlichen Körpern spontan entstehen [105], die von der Immunabwehr erkannt und eliminiert werden – aber jede Krebszelle kann die eine zuviel sein! Daher gibt es im Niedrigdosisbereich keine Unschädlichkeitsschwelle.

Diesen wichtigen Zusammenhang möchte ich mit einem Beispiel verdeutlichen: Stellen Sie sich als simple Strahlenquelle eine Kerze vor, bei der Sie wissen, daß man einen bestimmten Sicherheitsabstand einhalten muß. Überschreiten Sie eine Schwelle und befindet sich Ihr Finger näher als 1 cm an der Flamme, tritt ein sogenannter Akutschaden auf: Der Temperaturausgleich klappt nicht mehr, Ihre Zellen verbrennen, und natürlich ziehen Sie Ihren Finger sofort zurück. Außerhalb des Schwellenbereiches für Sofortschäden kann Ihnen nichts mehr passieren, denn die emittierte Kerzenstrahlung ist nur Licht. Letzteres trifft Sie zwar in immer geringerer Dosis bis zum Ende der Sichtweite, ist aber von seinem Energiegehalt nicht in der Lage, Ihren Zellen noch irgendwelchen Schaden zuzufügen.

Anders verhält es sich mit einer radioaktiven Strahlenquelle. Sind Sie zu nah dran und ist die Dosis zu hoch, treten auch hier innerhalb eines Schwellenbereiches Akutschäden, ja Verbrennungen auf. Außerhalb dieses Schwellenbereiches für Sofortschäden sind Sie jedoch nicht in Sicherheit. Zwar funktionieren Ihre Organe dann weiter, weil sie mit einer gewissen Überkapazität arbeiten, so daß die schon bei niedrigeren Dosen abgetöteten Zellen nicht gleich ins Gewicht fallen und erneuert werden können. Aber Krebszellen, die unter Umständen erst nach Jahren ihr ungehemmtes Wachstum entfalten, können sich bis in kleinste Dosisbereiche hinein bilden (vor allem dann, wenn Sie schon geringe Mengen solcher Strahler in Ihrem Körper mit sich tragen). Natürlich nimmt für Sie persönlich die Gefahr ab, je weiter entfernt Sie sich von der Strahlenquelle befinden, je seltener Sie getroffen werden, je geringer die Dosis ist. Aber bis zum Ende der Strahlenreichweite kann jeder Zelltreffer letztlich fatal sein.

Allerdings wird im Bereich sehr kleiner Dosen Ihr individuelles Risiko irgendwann so klein, daß es kaum noch einer Beachtung lohnt. Was aber, wenn Sie sich eine Strahlenquelle vom Hals schaffen wollen und sie beim Nachbarn unterstellen? Was, wenn ein Reaktorbrand die umliegenden 10 Quadratkilometer nicht gleich tödlich verseucht, sondern einige Millionen Quadratkilometer mit Millionen kleiner Individualrisiken belastet? Die Zahl der Toten bleibt dann die gleiche, wenn ich eine Person mit 10 Sv verstrahle, 10 Personen mit 1 Sv, 100 Personen mit 0,1 Sv, 1000 Personen mit 100 mSv usf. Je mehr Leute ich einer wenngleich niedrigeren Strahlung aussetze, um so eher ist auch einer dabei, bei dem das kleine bißchen mehr – die paar Krebszellen zusätzlich – den Ausschlag geben. Die Zahl der getroffenen Zellen bleibt gleich, ob nun eine Person von einer relativ hohen Dosis getroffen wird oder ob mehrere Leute von einer geringeren Strahlung getroffen werden.

Dieser Gedankengang ist zwar plausibel und auch von der Internationalen Strahlenschutzorganisation anerkannt, das hindert aber die deutsche Strahlenschutzkommission, den Präsidenten der Bundesärztekammer und andere Experten nicht, im Bedarfsfall die völlige Unschädlichkeit niedriger Strahlendosen zu beteuern. Wie erklärt sich diese Diskrepanz?

Offenbar wird hier von zwei Mechanismen profitiert: Einerseits kann entstandener Krebs nie hundertprozentig auf eine einzige Entstehungsursache zurückgeführt werden. Auch beim sogenannten Raucherkrebs ist nicht auszuschließen, daß Abgase und andere Umweltgifte mitverursachend tätig waren. Andererseits lassen sich statistische Krankheitshäufungen zwar beweisen – Raucher haben eben ein 25fach höheres Lungenkrebsrisiko als Nichtraucher. Wenn man allerdings den winzigen Zusatzeffekt der Niedrigdosisstrahlung neben den vielen bekannten und zum Teil noch unbekannten Faktoren für die Krebsentstehung statistisch auf dem Signifikanzniveau, also deutlich herausfiltern wollte, müßte man riesige menschliche Kollektive untersuchen. Einer Untersuchung, die nur an wenigen Atomkraftarbeitern durchgeführt wird und bei der dann statt einer erwarteten Leukämie zwei gefunden werden, kann man mit Recht vorwerfen, diese Verdoppelung sei nicht valide stichhaltig, weil innerhalb der Zufallsstreuung liegend.

Die oben genannten Experten strapazieren daher immer wieder das Argument, für die Schädlichkeit der Niedrigdosisstrahlung unterhalb der angenommenen Grenzwerte fehle der letzte Beweis – dies ungeachtet der Tatsache, daß es überhaupt kein Argument gibt, das die Annahme einer Sicherheitsschwelle für Krebs plausibel macht. Früher angenommene Schwellen mußten alle revidiert werden, und bei allen Tierversuchen, bis in die niedrigsten Dosisbereiche hinein, ließen sich keine Unschädlichkeitsschwellen finden.

Bloß, weil man einen bestimmten Effekt noch nicht mit der gewünschten statistischen Deutlichkeit nachgewiesen hat – oder mit dem Verdünnungsprinzip der Schaden so breit verteilt wurde, daß ein solcher Nachweis mit vernünftigem Aufwand nicht mehr gelingt –, kann man es sich nicht so leicht machen und folgern, die Schadensgefahr sei deshalb nicht existent.

Vielmehr muß bei prinzipiell schwieriger Beweislage jedem Hinweis nachgegangen werden. Und es gibt bereits viele durchgeführte Erhebungen (wie die folgenden Beispiele zeigen), welche mit aller Deutlichkeit das Schadenspotential von Niedrigdosisstrahlung illustrieren. Weitere Studien in der Umgebung von Atomkraftwerken und bei dort beschäftigtem Personal müssen jedoch gefordert werden, um das Bild abzurunden und das Schadensausmaß besser quantifizieren zu können.

Männliche Fruchtbarkeit bei beruflicher Strahlenbelastung

1975 zeigte eine Untersuchung[106] Beeinträchtigungen der Zeugungsfähigkeit bei beruflich strahlenexponierten Männern auf, deren Belastung, gemessen mit Filmplaketten, unterhalb von 50 mSv (5 rem) lag.

untersuchte Gruppe	normal fruchtbar	eingeschränkt fruchtbar	unfruchtbar
Radiologen	–	37,5 %	62,5 %
Radiologie-Techniker	25,0 %	–	75,0 %
Zifferblattmaler	33,3 %	33,3 %	33,3 %
Industrieangestellte	28,2 %	28,2 %	43,6 %
Uranbergbauarbeiter	–	45,5 %	54,5 %
Kontrollgruppe*)	71,4 %	26,2 %	2,4 %

*) In Altersstruktur und Lebensumständen vergleichbar[106]

In diesem Dosisbereich sind Einschränkungen der Fertilität nach einiger Zeit wieder rückbildungsfähig. Darüber hinaus können auch andere Faktoren Fruchtbarkeitsstörungen verursachen. So wurden bei Berufskraftfahrern vermehrt pathologische Spermien gefunden[107], und auch für Chemiearbeiter sind arbeitsplatzbedingte Fertilitätsstörungen bekannt[108]. Somit können viele verschiedene Einflüsse zu Fruchtbarkeitseinbußen führen, es zeichnet sich jedoch ab, daß einer dieser Einflüsse Niedrigdosisstrahlung ist, selbst bei einer Belastung unterhalb der Zulässigkeitsgrenzen in Atomkraftwerken. Leider fehlen weitere Forschungsarbeiten in diesem Bereich, insbesondere auch für Frauen.

Schäden von im Mutterleib bestrahlten Kindern

Die strahlensensibelste Phase der Schwangerschaft liegt zwischen dem 14. und dem 50. Tag, je nachdem, welchen resultierenden Organschaden man betrachtet. Der Anteil an Mikrozephalie, einer pathologischen Verkleinerung des Schädelumfangs, bei etwa 4 Prozent der Kinder aus Hiroshima gefunden, stieg bei Dosen zwischen 1 bis 9 rad auf 11 Prozent, bei 10 bis 19 rad auf 17 Prozent, bei 20 bis 29 rad auf 30 Prozent, bei 30 bis 49 rad auf 40 Prozent, bei 50 bis 99 rad auf 70 Prozent, bei Dosen oberhalb 100 rad betrug der Anteil 100 Prozent.[116]

Eine andere Studie, bei der während der Schwangerschaft geröntgte Mütter untersucht wurden, zeigte eine mit der Anzahl der Röntgenfilme linear und ohne Schwelle ansteigende Krebsgefahr für Kinder[117]. So gesehen klingt die Schlußfolgerung des Bundesinnenministers (1984) zumindest verharmlosend: daß «die Dosisgrenzwerte, so wie sie in der Strahlenschutzverordnung festgelegt sind, den Schutz des sich entwickelnden Lebens gewährleisten». Wo kein Schwellenwert existiert, können auch kleinste Dosen Schäden verursachen.

Schädlichkeit natürlicher Radioaktivität

Nach der National Academy of Sciences, dem renommierten amerikanischen Wissenschaftsgremium, trägt die natürliche Hintergrundstrahlung mit 3 Prozent zu unspezifischen Krankheiten bei, ist für 0,2

Prozent aller Geburtsdefekte verantwortlich und für 1,2 Prozent aller Krebserkrankungen.[127] Da heute etwa jeder fünfte an Krebs stirbt, würde somit gut jeder fünfhundertste an den Folgen der natürlichen Radioaktivität zu leiden haben – eine Zahl, die hochgerechnet auf die Bevölkerung der Bundesrepublik nicht unbeträchtlich ist und zeigt, daß die natürliche Radioaktivität gesundheitlich durchaus nicht irrelevant ist. Dies gilt noch mehr für Kinder. Bei ihnen sind bösartige Erkrankungen inzwischen die häufigste natürliche Todesursache.

Eine andere Untersuchung in Badgastein (19 radioaktive Thermalquellen) zeigte schon in dem sehr niedrigen Dosisbereich von 1 mGy = 100 Millirad / Halbjahr einen signifikanten Anstieg von Chromosomenaberrationen[128] – im indischen Kerala, einer Gegend mit natürlicher hoher Untergrundstrahlung von 1,5 bis 3 rem durch thoriumhaltigen Monazitsand, fanden sich höhere Fallzahlen für Trisomie 21 (Down Syndrom, Mongolismus[129]).

Schilddrüsenkrebs

Im Gefolge der Atombombenversuche wurde erstmals auch Schilddrüsenkrebs als Bestrahlungsfolge registriert. Das folgende Versuchsprotokoll[118] resümiert kurz die Ergebnisse:

Marshall-Insulaner

Studiengruppe:	ca. 300 Bewohner mehrerer Inseln
Art der Strahlung:	Gammastrahlen, Beta- und Alphapartikel
Strahlendosis:	200–1400 rad in der Schilddrüse
Datum der Exposition:	1. März 1954
Grund der Exposition:	Fallout eines Wasserstoffbombentests im Bikini-Atoll
Ermittelte Resultate:	Neubildungen der Schilddrüse bei 27 der 86 Rongelap-Leute (drei davon Krebs). Bei einigen Kindern auftretende Entwicklung von Schilddrüsenunterfunktion und Wachstumsstörungen. Der Anstieg von Fehl- und Totgeburten bei falloutexponierten Rongelap-Frauen mag oder mag nicht in Beziehung stehen mit den Strahleneffekten.[119]

Andere Untersuchungen weisen in die gleiche Richtung: Wegen einer Fadenpilzerkrankung des Kopfes (Tinea capitis) wurde in den

76

Jahren 1948 bis 1960 die Kopfhaut von mehr als 10000 israelischen Kindern bestrahlt. Die Gehirndosis betrug 140 rad, für die Schilddrüse waren es 6 bis 9 rad je Behandlung. Diese Kinder entwickelten später gehäuft Hirn- und Speicheldrüsentumoren, und die Zahl der bei ihnen gefundenen Schilddrüsentumoren betrug das Sechsfache des Wertes in der Kontrollgruppe, obgleich die Schilddrüse nur einer vergleichsweise geringen Strahlenbelastung ausgesetzt war[120].

Krebs nach medizinischer Diagnostik

Daß Röntgenärzte und ihr Personal, die bei vielen Röntgenaufnahmen kleine Dosen abbekommen, ein erhöhtes Leukämierisiko haben, ist bekannt. Weniger bekannt sind die Thorotrastfälle. Thorotrast war ein beliebtes Röntgenkontrastmittel, welches in Deutschland von 1933 bis 1951 bei etwa 10000 bis 20000 Patienten verabreicht worden war.[121] Jahrzehnte später entwickelten diese Patienten bis zu 40 Prozent bösartige Tumoren, die auf Thorotrast zurückgeführt wurden, das radioaktives Thorium enthält, einen Alphastrahler[122, 123].

Tumorhäufigkeit nach Thorotrast[(nach 124)]

	beobachtet	normal erwartet	zuviel
Leberkarzinome	245	4	241
Leukämie	44	3 .	41
maligne Lymphome	10	2	8
Lungenkarzinome	43	16	27
Pleuramesotheliome	5	0	5
Knochensarkome	6	1	5

Weitere Knochenkrebs-Opfer gab es durch Radiuminjektionen, die Mediziner unvorsichtig und vorschnell gegen Impotenz, hohen Blutdruck, Tuberkulose und andere Krankheiten verabreichten[22/118], unter anderem weil sie glaubten, mit der Radioaktivität werde Energie zugeführt und damit die Abwehrkräfte gestärkt...

Leukämie

Das Wuchern der weißen Blutkörperchen ist eine Krebsform, die relativ früh nach Bestrahlung auftritt (Gipfel nach ca. 10 Jahren) und deren Auftreten als erstes auch in sehr niedrigen Dosisbereichen nachgewiesen wurde: Dazu zwei kurze Versuchsbeschreibungen [118]:

1. Teilnehmendes Militärpersonal am Shot Smoky (A-Bomben-Test)

Studiengruppe:	3224 Männer, die 1957 während der nuklearen Testexplosion «Smoky» an Militärmanövern teilnahmen.
Art der Strahlung:	Gammastrahlen
Strahlendosis:	0 bis 2,98 rem (durchschnittl. 1,03 rem, entsprechend 10 mSv) für acht Leukämiefälle
Datum der Exposition:	31. August 1957
Grund der Exposition:	Teilnahme an psychologischen und physikalischen Tests nach Beobachtung einer Atombombenexplosion.
Ermittelte Resultate:	Statistisch signifikanter Anstieg des Auftretens von Leukämie. 9 Fälle wurden beobachtet, während nur 3,5 erwartet wurden. Das Zeitintervall vom Atomtest bis zur Diagnose belief sich auf 2 bis 19 Jahre [125].

2. Fallout von Atomtests bei windabwärts gelegenen Einwohnern von Utah

Studiengruppe:	Kinder in Utah, jünger als 15 Jahre, geboren 1944 bis 1975, eingeschlossen 378 Kinder, die an Leukämie oder anderem Krebs starben.
Strahlenart:	Gammastrahlen
Dosis:	unbekannt
Datum:	Januar 1951 bis Oktober 1958
Grund für die Exposition:	Fallout von 26 überirdischen Atomtests in der Wüste von Nevada.
Resultate:	Gegenüber Kontrollkindern vor und nach der Testperiode stieg die beobachtete Leukämiesterblichkeit bei Kindern in den stark vom Fallout belasteten Gebieten Süd-Utahs in den Jahren 1951 bis 1959 um das 2,44fache an [126].

Krebsgefahr für Arbeiter in Nuklearanlagen

Die Hanford-Anlage in den USA dient zur Herstellung von Bombenplutonium. Schon 1976 veröffentlichte Milham Daten, die für die dort Beschäftigten eine erhöhte Gefahr aufzeigten, an Bauchspeicheldrüsenkrebs zu erkranken. Daraufhin wurde ein anderes Wissenschaftlerteam von der AEC, der obersten Atomenergiebehörde der Vereinigten Staaten, aufgefordert, eine Gegendarstellung zu liefern[131]. Diese Gruppe, Mancuso, Steward und Kneal, bestätigte aber das Ergebnis. Zudem errechneten sie eine Verdopplungsrate für Bauchspeicheldrüsenkrebs von nur 3,6 rad für die 469 untersuchten Arbeiter. Da sie generell das Krebsrisiko der Arbeiter um 26 Prozent erhöht fanden, forderten sie sogar eine Herabsetzung der gültigen Arbeitsgrenzwerte[132]. Sofort wurde ihnen die Finanzierung gestrichen, man drohte, ihre gesammelten Unterlagen zu beschlagnahmen und beauftragte erneut ein Wissenschaftlerteam mit der Überarbeitung: Gilbert und Marks. Mit Hilfe anderer statistischer Auswertungsverfahren, angewendet auf die gleiche Datenbasis, fanden diese die geltenden Grenzwerte dann in Ordnung und stellten eine geringere allgemeine Krebssterblichkeit für die Hanford-Arbeiter fest. Eine leichte Erhöhung von Bauchspeicheldrüsenkrebs und multiplen Myelomen (bösartige Erkrankung des Knochenmarks) mußten allerdings auch sie zugeben.[133]

Die Krebsstatistik in Hiroshima und Nagasaki

Nach dem Abwurf der Bomben «Little Boy» und «Fat Man» starben in Hiroshima 260000, in Nagasaki 170000 Menschen. Insgesamt wurden 82242 Überlebende der Atombombenabwürfe in Nachuntersuchungen erfaßt. Bis 1974 gab es in Hiroshima 110, in Nagasaki 34 Leukämietote. Anderen Krebsarten fielen von 1950 bis 1974 in der ersten Stadt 2997 bzw. 721 Menschen in der zweiten Stadt zum Opfer. Die Anzahl dieser Fälle ist seit 1974 weiter gestiegen, und damit vergrößert sich auch die Zahl der Fälle, die auf Strahlenwirkung zurückgeführt werden[135]. So sind zum Beispiel die Zahlen für Lungen-, Brust- und Magenkrebs, die schon vorher signifikant über den erwarteten Werten lagen, bis 1978 weiter angestiegen, und selbst für Leukämie, die im Vergleich zu anderen bösartigen Erkrankungen relativ früh auftritt (im Durchschnitt werden 10 bis 13 Jahre angenommen), läßt sich noch kein Ende für das Auftauchen zusätzlicher Fälle absehen, obwohl der Höhepunkt sicherlich überschritten ist[125].

Todesfälle an Krebs nach Kato 1982[134]

		erwartet	gefunden	Überzahl
Leukämie	Hiroshima	75	141	66
	Nagasaki	12	39	27
Andere Krebs-	Hiroshima	3524	3659	135
erkrankungen	Nagasaki	890	917	27

Betrachtet man die Untersuchungen an den japanischen Überlebenden der Atombombenabwürfe näher, so zeigt sich: Fast alle Gewebe und Organe des menschlichen Körpers (vielleicht mit Ausnahme des Fettgewebes und der Muskulatur) können nach radioaktiver Strahlung von einer Krebserkrankung betroffen werden. Die Zeiten zwischen der Exposition und dem Auftreten der diagnostizierbaren Krankheit (Latenzzeit) sind unterschiedlich lang. Da man jedoch jahrzehntelang das Schicksal der Betroffenen verfolgt hat, weiß man jetzt, daß einige Organe wie die weibliche Brust, die Schilddrüse oder die Lunge mindestens genauso oder sogar noch strahlensensibler sind als das rote Knochenmark, das lange Zeit als besonders empfindlich galt.

Die Erkenntnis, daß radioaktive Strahlung fast alle möglichen Krebsarten hervorrufen kann (man muß nur lange genug warten), ist unstrittig. Alle anderen Aussagen oben zitierter Studie sind jedoch Gegenstand wissenschaftlicher Kontroversen. Deshalb soll an diesem Beispiel etwas genauer dargestellt werden, was statistisch mit solchen Daten alles gedreht werden kann bzw. offen bleibt:

Die Körper- und Organdosis:
Die Dosisabschätzung für einzelne betroffene Personen ist sehr kompliziert. So hat man zum Beispiel zu rekonstruieren versucht, wo sich einzelne Menschen zum Zeitpunkt der Explosion befanden, welche Abschirmwirkungen von den Gebäuden zu erwarten waren usw.[136] Die Genauigkeit der Ganzkörperdosisangabe wird auf ± 30 Prozent geschätzt. Bei Organdosen sind die Unsicherheiten noch größer, hier kann durchaus ein Fehler von 100 Prozent vorliegen[137].

Die Dosisrevision:
1981 wurde eine rechnerische Dosisrevision anhand der Daten von Hiroshima und Nagasaki vorgenommen, die schlüssig und unstrittig

beweist, daß vor allem die Neutronendosis in Hiroshima viel niedriger gewesen ist, als man früher gedacht hatte[138]. Zum einen hat die hohe japanische Luftfeuchtigkeit eine gewisse Dämmwirkung, die man bei den damaligen Berechnungen nicht in Betracht gezogen hatte, zum anderen hatte man sich bei der vorhergesagten Neutronenproduktion durch die Bombe verrechnet. Daraufhin mußten alle bis dahin aufgestellten Dosisberechnungen korrigiert werden.

Die Zahl der beobachteten Krebsfälle blieb natürlich gleich, mußte jetzt aber mit einer niedrigeren Strahlendosis erklärt werden. Insgesamt zeigte sich, daß im Gegensatz zu früheren Berechnungen mit mindestens doppelt so vielen Toten pro Dosiseinheit zu rechnen war[139]. Die Strahlengefahr war also um 100 Prozent unterschätzt worden.

Das Dosis-Wirkungs-Modell:
In der Regel nimmt man an, daß die halbe Dosis halbes «Risiko», ein Zehntel Dosis ein Zehntel «Risiko» bedeutet und so fort. Dies wäre dann eine lineare Dosis-Wirkungs-Beziehung (Kurve a der nächsten Abbildung). Glaubt man jedoch an eine linear-quadratische Dosis-Wirkungs-Beziehung (Kurve b), so liegt die Anzahl der geschätzten Krebsfälle im Niedrigdosisbereich niedriger. Manchmal muß sogar eine supralineare Dosis-Wirkungs-Beziehung angenommen werden (Kurve c), da sich in der Realität zeigt, daß unter bestimmten Bedingungen niedrigere Dosen relativ schädlicher werden!

Theoretische Dosis-Wirkungs-Beziehungen

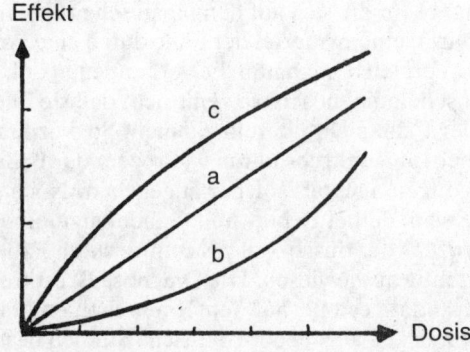

81

An dieser Stelle sollte man sich vergegenwärtigen, daß alle Modelle nur Hilfsmittel zu einer möglichst genauen und korrekten Beschreibung der Realität sind. Im vorliegenden Fall ist es so, daß die statistischen Daten, die über Menschen vorliegen, insbesondere im Niedrigdosisbereich, zu unscharf sind bzw. auch in ihrer Menge nicht ausreichen, um die Wahl eines bestimmten Dosis-Wirkungs-Modells klar und unwidersprochen zu rechtfertigen.

Dieser Befund zeigt, daß die Wahl des Modells mehr Einfluß auf die Gefahrenabschätzung hat als die gesammelten Daten und Beobachtungen selbst[140]. Die Internationale Strahlenschutzkommission (ICRP) hat sich für das Modell der linear-quadratischen Dosis-Wirkungs-Beziehung entschieden. Das hat zur Folge, daß die Strahlengefahr nur halb so groß eingeschätzt wird[140, 141] wie bei der Wahl der linearen Beziehung im Niedrigdosenbereich. Erneut ist die Option der Strahlenschützer nicht konservativ. Lieber unterschätzen sie die Strahlengefahren, als daß sie riskieren, sie überschätzen zu können.

In der letzten Zeit nehmen die Hinweise zu, daß mit dem Auftreten neuer Brustkrebsfälle das lineare Modell nicht nur gleichberechtigt, sondern als geeigneter erscheint[140]. Andere Studien am Menschen, die nicht auf den japanischen Daten aufbauen, deuten in die gleiche Richtung[142, 143, 144].

Eine Verzerrung der Hiroshima-Statistik erfolgt allerdings in zwei Richtungen: Die vorhandenen Krebsfälle wurden durch niedrigere Dosen verursacht, und nicht alle aufgetretenen Krebsfälle wurden auch tatsächlich erfaßt.

Fehldiagnosen:
Die Krebsdiagnosen, die sich auf den japanischen Totenscheinen befinden, sind nur in einem Viertel der Fälle durch eine Autopsie überprüft worden. Vergleicht man nun die vorhandenen Sektionsbefunde mit den Totenscheindiagnosen, so zeigt sich, daß sie in einem hohen Prozentsatz der Fälle nicht übereinstimmen. So wurde zum Beispiel nachgewiesener Lungenkrebs nur in 55 Prozent der Fälle auf den Todesbescheinigungen auch als solcher angegeben. Noch gravierender sind die Unterschiede bei Leber- und Gallenkarzinomen: Hier wurden nur 13 Prozent der durch Autopsie entdeckten Fälle auf den Totenscheinen richtig ausgewiesen. Die Diagnose Brustkrebs wurde bei der Autopsie 43mal gestellt, auf den Totenscheinen hingegen findet sie sich nur 36mal[135]. Auch neuere deutsche Studien bestätigen derlei Diskrepanzen[145], so daß für die Hiroshima- und Nagasaki-Statistik folgt, daß ein Drittel bis mehr als die Hälfte der tatsächlich aufgetrete-

nen Krebsfälle schlicht übersehen und folglich nicht mitgezählt wurden.

Der Krebs steigt weiter:
Auch wenn die Atombombenabwürfe nun schon lange zurückliegen, so sind doch noch immer nicht alle Spätfolgen aufgetreten. Auch in Zukunft wird noch mit weiteren zusätzlich auftretenden Krebsfällen gerechnet werden müssen. Der Mensch ist im Gegensatz zu den meisten Tieren ein langlebiges Wesen, und mancher Strahlenkrebs braucht Jahrzehnte bis zu seiner Ausprägung. Es läßt sich vermuten, daß in Hiroshima und Nagasaki erst 50 Prozent aller zu erwartenden Krebsfälle aufgetreten sind, eine entsprechende Korrektur der Gefahrenangaben ist daher geboten[146].

Die Kontrollgruppe:
Wenn man den Überschuß beobachteter Krebszahlen mit den Erwartungswerten vergleicht, muß man sich natürlich darüber geeinigt haben, welche spontane Auftretensrate von Krebserkrankungen als normal gelten soll.
   Zum Vergleich mit den Überlebenden der betroffenen Städte hat man bis 1972 aber nicht die Daten der japanischen Nationalstatistik genommen, sondern eine Gruppe von Menschen, die sich zum Zeitpunkt der Explosion nicht in der Stadt aufgehalten hatte. Viele aus dieser Kontrollgruppe sind aber zu Hilfs- und Bergungsarbeiten schon innerhalb der ersten Tage in die Städte zurückgekehrt, und natürlich wurden sie dabei erheblich durch Fallout belastet[147]. Dementsprechend weisen sie gegenüber dem Normaljapaner eine höhere Krebsrate auf[148, 149]. Die sogenannten normalen Erwartungswerte waren somit übernormal, zumal unter den als Kontrollgruppe betrachteten Frühheimkehrern nur wenige Alte und Kinder, sensible Untergruppen mithin unterrepräsentiert waren. Diese statistische Verzerrung hat eine Unterschätzung der Krebsgefahr bis zum 9fach zu niedrigen Wert zur Folge[149, 150].

Die Kontroverse:
Die Bewertung der Hiroshima- und Nagasaki-Daten ist somit außerordentlich strittig. Eindeutig ergibt sich bei den Überlebenden eine erhöhte Krebsgefahr, uneindeutig bleibt aber die Höhe des Anstiegs mit der empfangenen Dosis und bildet einen wissenschaftspolitischen Zankapfel.
   Schon der räumliche Aufenthalt zum Zeitpunkt der Explosion und die berechneten Strahlenschutzeffekte von Gebäudeteilen lassen eine

Fehlerbreite der Dosisabschätzung von 30 bis 100 Prozent zu. Wegen eines Abschätzungsfehlers des Neutronenanteils an der Strahlung der Hiroshima-Bombe erfolgte eine physikalisch/mathematisch begründete Dosisrevision mit der Folge eines jetzt als doppelt so hoch anzunehmenden Krebs«risikos». Aufgrund von Fehldiagnosen auf den Totenscheinen werden bis zu 50 Prozent der tatsächlich aufgetretenen Krebsfälle nicht erfaßt, weitere strahlenbedingte Krebstote sind als Späteffekte noch zu erwarten und im gängigen Kalkül des Gefahrenpotentials zu berücksichtigen. Schließlich hat noch die Wahl der Kontrollgruppe einen Einfluß auf die Normalwerte in der Krebsstatistik von mehreren 100 Prozent – entsprechende wissenschaftliche Kontroversen waren die Folge.

Um diese Kontroversen zu schlichten, wurde ein internationales Komitee gegründet, das die biologischen Auswirkungen radioaktiver Strahlung beurteilen sollte (BEIR III). Sein Vorsitzender Radford[151] machte sich einige der oben vorgetragenen Argumente zu eigen, vorsichtshalber votierte er insbesondere für die Annahme des linearen Dosis-Wirkungs-Modells, da er nicht aufgrund unbewiesener Vermutungen Gefahr laufen wollte, das Strahlen«risiko» um die Hälfte zu unterschätzen. Diesen Schritt wollte aber die Mehrheit des Komitees nicht nachvollziehen.

Als Radford bei der Summe der vorgebrachten Argumente schließlich zu dem Schluß kam, die gängigen Risikoabschätzungen würden die Gesundheitsgefahren von Niedrigdosisstrahlen um das zehnfache unterschätzen und entsprechend müßten die Grenzwerte nach unten korrigiert werden, blieb er nicht mehr lange Vorsitzender des Komitees.

Vererbbare Strahlenschäden – genetische Gefahren

1983 wurde bei Frauen, die im Oktober 1957 alle dieselbe Schule im irischen Dundalk besucht hatten, eine ungewöhnliche Häufung von Kindern mit Mongolismus (heute Down-Syndrom oder Trisomie 21) festgestellt[109]. Bei 26 Schwangerschaften von 1963 bis 1972 waren sechs Neugeborene betroffen – gewöhnlich beträgt die Gesamthäufigkeit 1:600. Die Autoren sahen bei diesen Daten einen Zusammenhang mit einem Unfall in der Wiederaufbereitungsanlage in Windscale am 10.10.1957, wo es zu einer erhöhten Freisetzung von Polonium-210 (Alphastrahler) und Jod-131 (Gamma-/Betastrahler) gekommen war. Zu diesem Zeitpunkt hatte es in der Gegend von Dundalk heftige Regenfälle gegeben, die zu lokal hohen Konzentrationen der Nuklide führten. Sogar entlang weiter Teile der Ostküste Irlands ließ sich eine Geburtenzunahme von mongoloiden Kindern zeigen, die 1974 ihren Höhepunkt erreichte. Auch wenn eine Kausalbeziehung zu der von Windscale ausgehenden radioaktiven Belastung nicht hundertprozentig zu beweisen ist (es gibt ja auch zufällige Häufungen), deuten die Befunde doch einen Zusammenhang an. Dafür spricht auch, daß unter den Kindern von Frauen, die in der Schwangerschaft geröntgt worden waren, ebenfalls ein erhöhter Anteil von Kindern mit Down-Syndrom gefunden worden war[110]. Nach den hier gefundenen Werten läge bei einer Strahlenbelastung der Keimdrüsen ein Anstieg der Trisomien um 749 Prozent pro rem vor. Einen ähnlichen Befund erhoben auch andere Autoren[111]: Die Gefahr, ein Kind mit Trisomie 21 zu gebären, würde pro rem um 670 Prozent steigen.

Diese wenigen Studien[112] zeigen also einen Zusammenhang zwischen Chromosomenschäden und kleinsten Organdosen am Eierstock in der Größenordnung von einigen 100 Millirem auf, wobei die Bestrahlung Jahre vor der Schwangerschaft stattgefunden hat. Auch soweit man es bei Plutonium schon weiß, treten Schäden erneut in sehr niedrigen Aktivitätsbereichen auf: schon 14,8 bis 148 Bq Körperdepot verursachten einen Zuwachs von 30 Prozent Chromosomenaberrationen[112].

Einige andere Wissenschaftsteams untersuchten die Frage strahlenbedingter Kindersterblichkeit bei den japanischen Atombombenopfern. Ergebnis: Eine Verdopplung des frühen Kindstodes ergebe sich bei einer Ganzkörperbelastung von 86 rem[113], bei einer Keimdrüsendosis von 31 rem[114] oder sogar schon bei einer Keimdrüsendosis von 1 rem[115]. Dies illustriert erneut, wie bei Auswertung gleicher Daten die Wahl der Methode zu sehr unterschiedlichen Ergebnissen führen kann.

Das Problem genetischer Strahlenschäden bedarf jedoch noch einiger allgemeiner Erörterungen. Folgen und Befürchtungen können hier so weitreichend sein, daß ein Rahmen des derzeitigen Erkenntnisstandes skizziert werden soll:

Mutationen sind die Triebkraft der Evolution und der Entwicklung der Arten. Die Träger der jeweiligen Erbanlagen wurden in einer Weise selektiert, die eine optimale Anpassung an bestehende Umweltverhältnisse ermöglichte. Evolutionstheoretiker und Genetiker wissen daher schon lange, daß bei *gleichbleibenden* Umweltbedingungen neue Mutationen fast ausschließlich schädlich sind und Überlebensnachteile mit sich bringen[115a]. Zweitens, auch das soll noch mal betont werden, gibt es auch für strahlenbedingte Erbschäden kein «Nullrisiko», keine Harmlosigkeitsschwelle. Diese Aussage ist keine Hypothese mehr, sondern gesichert[115a/116a].

Alles weitere zu diesem Thema ist weniger klar. Unter der Voraussetzung, daß die strahlenbedingte Mutationsrate bei Mensch und Maus identisch ist, kann man für Beta- und Gammastrahlen schätzen, daß die Belastung mit 1 Gray (100 rad) zu einer Verdopplung der natürlichen Mutationshäufigkeit führt. Bezogen auf Tschernobyl ergäbe das etwa 6 bis 17 zusätzliche Mutationen pro Million der Bevölkerung oder einen Anstieg der spontanen Mutationsrate um 1 Prozent[115a]. Diese Schätzung gilt jedoch eingeschränkt nur für sogenannte dominante Mutationen in der ersten Folgegeneration.

Da der Mensch einen doppelten Chromosomensatz besitzt, bekommt er seine Gene zur Hälfte jeweils vom Vater bzw. von der Mutter. Vererbt der Vater ein schadhaftes, mutiertes Gen, während das entsprechende von der Mutter intakt ist, gibt es zwei Möglichkeiten: Der Schaden setzt sich durch, das heißt, die Mutation ist «dominant». Oder – das eine intakte Gen reicht zum unbeschwerten Leben aus, dann dominiert die Mutation nicht, sondern ist «rezessiv». Sie kommt folglich auch nicht gleich in der ersten Generation zur Ausprägung, sondern erst dann, wenn x Generationen später zwei scheinbar gesunde Personen zusammentreffen, die beide ein defektes Gen tragen und eine solche rezessive Mutante besitzen. Die Kinder aus einer solchen Verbindung können dann Pech haben und kein intaktes Gen mitbekommen. Der Erbschaden manifestiert sich. Über die strahlenbedingten rezessiven Genschäden beim Menschen weiß man eigentlich nur soviel, daß sie sehr viel häufiger sind als die dominanten.

Man kennt nicht einmal die Anzahl der menschlichen Gene. Man kennt nicht das Ausmaß an irregulärer Vererbung, also angeborener Anomalien, die sich erst in einem späteren Lebensabschnitt manifestieren. Man kennt auch nicht die Zahl aller Erbkrankheiten überhaupt oder das Ausmaß an genetischer Mitbeteiligung an Krankheiten wie Herzinfarkt, Zucker, Allergien oder bestimmten Tumoren. Man kennt nicht das Ausmaß der poligenen Vererbung, also derjenigen Erbschäden, die durch das Zusammenwirken vieler schwach mutierter Gene die Lebensfähigkeit herabsetzen. Experimente an der Taufliege beweisen zumindest die häufige Existenz dieser Vererbungsart. Nach Bestrahlung fiel ihre Lebensfähigkeit in 60 Generationen um 50 Prozent![117a]

Zusammengefaßt bedeutet das, daß strahlengenetische Schätzungen, basierend auf der Mensch-Maus-Identität, nur für eine kleine Minderheit aller Erbschäden abgegeben werden können. Der Blick reicht nicht weiter als ein bis zwei Generationen in die Zukunft. Und schon aus methodischen Gründen ist eine Klarheit in dieser Frage auch gar nicht zu erwarten: Selbst wenn man unsere Nachfahren über 50 Generationen beobachten würde und zwischenzeitlich darauf verzichtet, der natürlichen Radioaktivität weitere künstliche Radioaktivität hinzuzufügen, könnte man am beobachteten Effekt nicht mehr unterscheiden, wie viele Erbschäden auf das Strahlenkonto oder auf das der Chemie (vermutlich viel mehr!) und anderer Umweltgifte gehen. Inzwischen ist sogar bekannt, daß Ultraschall im Zusammenhang mit Bestrahlung die Chromosomenschäden erhöht[118] – wie ist dann die Wirkung anderer Umwelteinflüsse?

In dieser Situation kann der Wissenschaftler zwei Aussagen machen: Er kann 1) das *wahrscheinliche* Ausmaß oder 2) das *maximal mögliche* Ausmaß strahlenbedingter Erbschäden abschätzen. Beide Aussagen werden sich um so mehr unterscheiden, je größer der Rahmen der objektiven Unsicherheit ist. In der vorliegenden Situation erheblicher Kenntnislücken bezüglich genetischer Strahlenschäden nehmen Wissenschaftler dieses Gebietes allzu häufig die Position eines «professionellen Optimismus» ein, indem sie Aussage 1) nach bestem Vermögen geben, aber die obere Schranke des Fehlers (Aussage 2) infolge der zur Zeit fast unüberwindlichen sachlichen Schwierigkeiten unterschlagen und damit glauben machen, daß aus ihren Daten genauere Schlüsse gezogen werden könnten, als tatsächlich der Fall ist[118a].

Vom biologischen Nutzen der radioaktiven Strahlung

Wie soll man das verstehen? Einige wenige Forscher behaupten, ein bißchen Radioaktivität tue dem Organismus gut, fördere Wachstum und Fruchtbarkeit, die Überlebensfähigkeit gegenüber hohen Strahlungsdosen sei sogar lebenswichtig für die Existenz.[80]

Nun gibt es tatsächlich Versuche, die zeigen, daß Heuschrecken nach Bestrahlung auch mal größer werden und sich schneller vermehren. Ob das von Nutzen ist, sei dahingestellt. Und wenn man bei einigen Protozoen, also Einzellern, nachgewiesen hat, daß sie bei Strahlungsentzug schlechter gedeihen, so grenzt es an Zumutung, daraus zu folgern, Radioaktivität sei ein notwendiges Lebenselixier.

Dennoch hört man diese Argumentation in letzter Zeit so häufig, daß man sich damit auseinandersetzen muß.

Kritikpunkt 1: Die meisten dieser Versuche wurden an niederen Lebewesen durchgeführt, sie sind auf höhere Lebewesen nicht übertragbar.

Kritikpunkt 2: Wie wir im vorigen Abschnitt gesehen haben, ist die weit überwiegende Anzahl von Mutanten schädlich. Dies wird nicht dadurch entkräftet, daß ab und zu mal auch ein paar größere und schönere Exemplare entstehen.

Kritikpunkt 3: Die meisten beobachteten Nutzeffekte von radioaktiver Strahlung beziehen sich darauf, daß der getroffene Körper akut Zellreparatur- und Erneuerungsmechanismen aktiviert und dadurch kurzfristig gegen diverse Außeneinflüsse widerstandsfähiger wird. Analog dazu weiß jeder, daß nach Abrasieren aller Haare diese danach besser wachsen. Solche möglichen kurzfristigen Nutzeffekte können nicht abgelöst diskutiert werden von den nach Bestrahlung allemal auftretenden Spätschäden (wie Krebs und Mißbildungen).

Dazu ein ganz persönliches Beispiel, das mich ziemlich betroffen gemacht hat: Die Landesärztekammer Hessen organisiert regelmäßig Fortbildungsveranstaltungen. So fand im Herbst 1983 ein Ärztekongreß in Kassel statt zum Thema «Schmerztherapie». Ein Kollege erläuterte dort den «radiogenen Schutzeffekt», der bei Inzucht-Ratten nachgewiesen worden war: Bestrahlt man die Tiere mit 9,25 Gy (925 rad), sterben 50 Prozent. Werden die Ratten drei Tage vor dieser Massivbestrahlung mit drei Gy (300 rad) vorbestrahlt, sterben 98 Prozent, das heißt, die Todesrate verdoppelt sich nahezu. Wird der Zeitraum zwischen Vor- und Massivbestrahlung auf 12 Tage ausgedehnt, sterben noch 84 Prozent der Tiere – die Reparaturmechanismen sind durch die kurzfristige Doppelbestrahlung hoffnungslos überfordert. Streckt man jedoch die Zeit zwischen Vor- und Massivbestrahlung auf 180 Tage, so überleben alle Tiere die 9,25 Gray (strahlenbiologisches Paradoxon). Die Akutschäden der Vorbestrahlung sind dann bereits überwunden, der Körper ist jedoch noch auf maximale Zellerneuerung und Reparatur eingestellt und übersteht die Akutfolgen der zweiten Bestrahlung besser.

Der Referent wies anschließend darauf hin, daß dieses Versuchsergebnis in Amerika an Ziegen, Schweinen und Schafen bestätigt wurde und auch in Rußland, der Schweiz und der Bundesrepublik nachgeprüft und experimentell weiterverfolgt wurde.

Warum? Der radiogene Schutzeffekt «kann dazu dienen, bei nuklearen Katastrophen vorbestrahlten Personen ein weiteres Eindringen in ein strahlenverseuchtes Gebiet zu ermöglichen» [119a].

Im Klartext muß das wohl heißen: Man nehme ein paar Soldaten, lasse ihnen eine Vorbestrahlung (mit 3 Gy bzw. 300 rad??) zuteil werden, setze sie nach 180 Tagen in einem strahlenverseuchten Gebiet ein (welche Vorausschau) und freue sich über ihre dann akut verbesserten Überlebenschancen. Dieser zynische Schlußfolgerungen zulassende ärztliche Vortrag erwähnte mit keinem einzigen Wort die zu erwartenden Spätschäden.

Resümee

Niedrige Stahlendosen haben auch nur geringe biologische Wirkungen.

Die Auswahl der genannten Studien zeigt, daß diese Effekte jedoch nicht zu vernachlässigen sind, insbesondere dann nicht, wenn Menschenmassen ganzer Städte, Inselgruppen, Heeresteile und die Bevölkerung ganzer Nationen dieser Strahlung ausgesetzt werden.

Kleine Wirkungen zu messen ist sehr aufwendig. Wenn solche Studien überhaupt finanziert werden, sind die Auftraggeber in aller Regel staatliche und militärische Stellen oder die Nuklearindustrie selbst. Alle drei hatten bislang ein erhebliches Eigeninteresse am weiteren Ausbau der Kernenergie.

Die Wirkung kleiner Strahlendosen zu messen ist auch methodisch sehr schwierig. Bei gleicher Ausgangsbasis von Daten beeinflußt oder – weniger neutral formuliert – verfälscht die Auswahl der statistischen Verfahren in ganz erheblichem Maße das produzierte Studienergebnis. Hierfür ist die kontroverse Diskussion über die Hiroshima-Daten exemplarisch. Mit Bedacht waren ja damals jungfräuliche Ziele («virgin targets») bombardiert worden, um die atomaren Auswirkungen ungestört durch vorhergegangene Bombardements studieren zu können. Gerade auf den hieraus abgeleiteten Rechnungen fußt die Internationale Strahlenschutzkommission mit ihrem Risikokalkül. Das allerdings in einer Weise, die im Zweifelsfall lieber eine Unterschätzung der Strahlengefahren billigend in Kauf nimmt. Einige der vorgetragenen Kritikpunkte sind inzwischen zweifelsfrei: So zum Beispiel die sogenannte Dosisrevision von Hiroshima, die immerhin zu einer doppelt so hohen Einschätzung des Gefahrenpotentials zwingt. Dieses Argument wird zwar unwidersprochen zur Kenntnis genommen, aber schlichtweg seit fünf Jahren nicht in die entsprechenden Strahlenschutzempfehlungen umgesetzt.

Da sich die beobachteten Strahlenschäden im Niedrigdosisbereich je nach Expositionsbedingungen und betrachtetem Organdefekt erheblich unterscheiden (siehe die vielen Studien), lassen sich eigentlich nur vier globale Aussagen zusammenfassen:

1. Es gibt keine Unschädlichkeitsschwelle. Radioaktive Strahlen müssen immer als potentiell krebserregend und mutagen eingestuft werden.

2. Die Auftretenswahrscheinlichkeit von radiogenem Krebs sinkt mit fallender Dosis. Das verbleibende Ausmaß der Krebsgefahr ist in seiner dosisabhängigen Höhe häufig strittig.

3. Es ist kein sinnvolles Prinzip im Strahlenschutz, Radioaktivität durch breite Streuung zu verdünnen, dafür aber auf mehrere Köpfe zu verteilen.

4. Genetische Strahlenschäden im Niedrigdosisbereich sind in ihrer Gesamtheit heute noch nicht beurteilbar.

Mit den offiziellen Grenzwerten wird nun ein Konzept präsentiert, das die Strahlengefährdung akzeptabel beschränken soll. Wie glaubhaft und erträglich ist das «Restrisiko»?

Die Grenzwerte

Nach einem Satz des Bundesverfassungsgerichtes handelt es sich im Atomrecht um Annäherungswissen, das sich «immer nur auf dem neuesten Stand unwiderlegten Irrtums befindet»[179].

Die in der oben zitierten Anzeige der Vereinigung Deutscher Elektrizitätswerke enthaltene Behauptung: «Bei Einhaltung dieser Grenzwerte kann nach derzeitigem Wissen eine Schädigung der Gesundheit ausgeschlossen werden»[180] ist ein bereits seit langem widerlegter Irrtum, der einerseits zeigt, daß sich der Präsident der Bundesärztekammer in seinen aktuellen Äußerungen nicht auf dem neuesten Erkenntnisstand befindet, der andererseits aber auch eine ganz bemerkenswerte sprachliche Unschärfe aufweist. Nach Tschernobyl wurde die Anzahl der zulässigen Becquerel Jod in der Milch auf 500 für die BRD bzw. 20 für Hessen «begrenzt»; ein Richtwert, Aktionswert, Interventionswert, wie auch immer man ihn nennen will, wurde eingeführt, aber kein Grenzwert, denn dieser Begriff ist in der Strahlenschutzverordnung wohl definiert und reserviert für ganz bestimmte Situationen.

Die Strahlenschützer haben sich historisch bei der Grenzwertsetzung immer um eine gewisse medizinische Legitimation bemüht: Man versuchte Gesundheitsgefahren von radioaktiver Strahlung zu berechnen und für Arbeiter in der Nuklearindustrie bzw. auch für die Bevölkerung beim Normalbetrieb von Atomkraftwerken einzudämmen durch höchstzulässige, genehmigte Bestrahlungsgrenzen.

Außerhalb des Normalbetriebes, also für den Stör- und Katastrophenfall, gibt es keine klaren Grenzlinien mehr. Die Politiker halten sich hier bewußt die Hände frei und finden für die Grenzenlosigkeit ihres Handlungsspielraumes Argumente wie beispielsweise das folgende: Welche Persönlichkeit würde denn in einem zivilen oder in einem militärischen Notstand Kommandos geben wollen, «wenn seine Tätigkeit von vornherein durch Regeln eingeschränkt ist, die von einem Ausschuß festgelegt wurden, der seine Ernennung weder durchgeführt hat noch für seine Dienstausübung verantwortlich zeichnet?»[181]

Die Situation ist somit geprägt von offenen Handlungsvollmachten und einem Repertoire an Kann-Bestimmungen. Wenn daher den Umständen entsprechende Festsetzungen wie die Interventionswerte für Milch als «Grenzwerte» tituliert werden, handelt es sich hier weniger um eine schlichte sprachliche Verwechslung als um den Versuch einer sachlichen Täuschung. Hier geht es nicht mehr um medizinisch ausgerichtete Werte, denn «der Russe» ist nicht weniger strahlensensibel als «der Pole», «der Deutsche» oder «der Hesse». Hier stehen politische Handhabbarkeitsinteressen im Vordergrund, die durch den offiziellen Sprachgebrauch als gesundheitsverträgliche Grenzwerte eher verbrämt werden. «Wenn die Milch mit 500 Becquerel angesetzt wird und der zuständige Staatssekretär dies als ‹der Opportunität entsprechend› darstellt, dann ist für mich der Punkt erreicht, an dem nach der Glaubwürdigkeit gefragt werden muß» – so Fritz Vahrenholt, Staatsrat der Hamburger Umweltbehörde[182].

Die richtig benannten Grenzwerte sind in der Strahlenschutzverordnung festgelegt. Sie entspringen der arbeitsmedizinischen Notwendigkeit, die Belastung durch Radioaktivität am Arbeitsplatz zu limitieren. Ihre Glaubwürdigkeit beziehen sie wesentlich aus der zugrunde liegenden medizinischen Argumentation, wenngleich auch hier politische Kategorien mit einfließen: welches medizinisch definierte Schadensausmaß wird denn gesellschaftlich für vertretbar gehalten? Wo soll die Grenze gezogen werden?

Nun hatte man anfangs fälschlicherweise angenommen, daß für alle Arten von Strahlenschäden eine Schwellendosis existiert, unterhalb der eine Gesundheitsschädigung durch Strahlung gar nicht auftritt. Entsprechend legte man die sogenannte «maximal zulässige Äquivalenzdosis» in einzelnen Körpergeweben so fest, daß sie unterhalb dieser vermuteten Harmlosigkeitsschwelle lag. Die in diesem Bereich befindliche Dosis konnte dann logischerweise als sicher und ungefährlich eingeschätzt werden. Bis zur Schwellendosis war es daher auch erlaubt, die zulässigen Werte auszuschöpfen.

Auch das Konzept des «kritischen Organs» datiert aus dieser Zeit. Es gründete sich auf die Vorstellung, bei einer gleichmäßigen Ganzkörperbestrahlung müsse man unter den vielen bestrahlten Organen

Grenzwerte für Ganz- und Teilkörperbelastung
nach Anlage X der Strahlenschutzverordnung

	Kat A in mSv	Kat B in mSv
1. Ganzkörper, Knochenmark, Gonaden, Uterus	50	15
2. Hände, Unterarme, Unterschenkel, Füße, einschließlich dazugehöriger Haut	600	200
3. Haut, falls nur diese der Strahlenexposition unterliegt	300	100
4. Knochen, Schilddrüse	300	100
5. Andere Organe	150	50

Kategorie A: Personen, die mehr als 30 % der Grenzwerte der Anlage X Spalte 2 erhalten können

Kategorie B: Personen, die zwischen 10 und höchstens 30 % der Grenzwerte der Anlage X Spalte 2 erhalten können.

nur dasjenige herausfinden, wo die Schadensschwelle zuerst überschritten würde, das also am empfindlichsten auf die Dosis reagiere. Bei diesem kritischen Organ sei dann der Dosisgrenzwert festzusetzen, die unterschwelligen Dosen aller übrigen Organe könnten folglich vernachlässigt werden. Nach dem Schwellenkonzept bestand daher unterhalb der zulässigen Dosen kein Restrisiko mehr, und es entstanden auch keine politischen Verantwortlichkeiten dafür. Die Mediziner hatten nur dafür Sorge zu tragen, daß sie die richtige Schwelle empirisch herausfanden. Auch hierüber gab es allerdings schnell Streitereien, als die Umsetzbarkeit der politisch geplanten Programme sich durch zu niedrige Schwellen hinauszuzögern drohte: Auf der Drei-Länder-Konferenz amerikanischer, englischer und kanadischer Strahlenschützer 1949 in Chalk River, Kanada, konnte der anerkannte Experte Dr. Austin Brues die Teilnehmer mit seinen experimentellen Daten davon überzeugen, daß eine viel niedrigere Dosisschwelle für die zulässige Plutoniumkonzentration angenommen werden müsse. Die Wissenschaftler beschlossen daraufhin eine entsprechende Grenzwertkorrektur, fuhren nach Hause und rechneten die erforderlichen Kosten und zusätzlich notwendigen Schutzmaßnahmen durch. Das Ergebnis war unbefriedigend: Die neuen Grenzwerte würden erhebliche Verzögerungen in den Plutoniumlabors zur Folge haben [183]. Auf Initiative von Dr. Langham («Mr. Plutonium») startete daraufhin sofort eine Lobbyarbeit aus hektischer Korrespondenz und einer Reihe von Telefonaten mit dem Ziel, die neuen Grenzwerte als zu restriktiv und offiziell nicht akzeptabel zu erklären: Statt dessen seien weitere Gutachten zu initiieren. Daraufhin wurde eine erneute Wissenschaftlerkonferenz einberufen, auf der Dr. Brues in nur fünf Minuten widerrief. Der Grenzwert wurde um das Fünffache wieder angehoben, und das, wie die Berichterstatter hervorheben, mit strikt biologischen Argumenten [183, 184].

Nach der Entdeckung der DNS (1953) als Trägersubstanz der Erbinformation dauerte es noch mehr als zwanzig Jahre, bis sich die Erkenntnis durchsetzte, daß jeder Strahlentreffer in der Lage ist, Krebs zu verursachen. Folglich wurde das Schwellenwertkonzept auch offiziell verlassen. Seither gibt es auch unterhalb der Grenzwerte einen Bereich, der gefährlich bleibt. Die politisch Verantwortlichen wie Bundesinnenminister Zimmermann und heute Umweltminister Wallmann wie auch der Präsident der Bundesärztekammer Vilmar und andere ignorieren dies, obwohl dieses Wissen nicht nur wissenschaftlich [185], sondern auch rechtlich (Strahlenschutzverordnung) längst Konsens ist. Der ehemalige Präsident des Bundesverfassungsgerichtes Benda drückt das verbleibende aktuelle Problem in reinem Juristendeutsch so aus: Es gäbe «kein Grundrecht auf risikofreies Leben, sondern nur einen der staatlichen Schutzverpflichtung korrespondierenden Anspruch auf Risikominimierung», der sich in den Dosisgrenzwerten konkretisieren soll als «die äußerste nicht mehr überschreitbare Grenze der erforderlichen Schadensvorsorge, jenseits derer das Strahlenrestrisiko beginnt» [189]. Seine Höhe ist wissenschaftlich und politisch auszuhandeln.

Wer bestimmt Kosten und Nutzen der Grenzwerte, die verbleibende Strahlengefahr für das Individuum, und wie wird dabei vorgegangen?

Kosten und Nutzen der Grenzwerte

Ein zuständiges Gremium, so wurde politisch entschieden, sei die Internationale Strahlenschutzkommission (ICRP), die sich in ihrer 9. Publikation zu einem Grenzwert folgendermaßen äußert: «Die Kommission ist der Ansicht, daß dieser Wert einen vernünftigen Spielraum für die Atomenergieprogramme der absehbaren Zukunft schafft» [187]. In der Publikation Nr. 22 empfiehlt die ICRP den Betreibern kerntechnischer Anlagen eine Kosten/Nutzen-Analyse, in die unsere Gesundheit lediglich als betriebswirtschaftliche Rechengröße eingeht.

Niedrigere Strahlenbelastung zu realisieren, erfordert steigenden finanziellen Aufwand. Folglich rät die ICRP, den zulässigen Grenzwert kostenoptimal dort anzusiedeln, wo gleichzeitig der Preis für medizinische Strahlenschäden und der Preis für zusätzliche Sicherheitsmaßnahmen relativ am geringsten ist.

Um Nutzen versus Krankheit bilanzieren zu können, wurden Kostenäquivalente in Höhe von 100–2000 DM pro Person und rem angesetzt.[188] Daß hier gesamtgesellschaftlicher Nutzen auf Kosten der Gefährdung einzelner strahlenexponierter Mitarbeiter gehen kann, wird in Kauf genommen.

Wenige Jahre später ging es der ICRP um die Definition des Schadensausmaßes, welches gesellschaftlich tolerierbar sei (ICRP Publ. 27). Zur Rechtfertigung ihrer Grenzwerte vergleicht die ICRP Gefährdungen in konventionellen Industriezweigen mit der Gefährdung durch Strahlen. Sie verwendet dabei einen Index. In diesem werden vor allem tödliche Arbeitsunfälle Krebstodesfällen gegenübergestellt. Dabei wird allerdings zwischen jungen und alten Toten ein Unterschied gemacht, indem man mit dem zu erwartenden durchschnittlichen Verlust an Lebensjahren rechnet. Bei tödlichen Arbeitsunfällen in konventionellen Industriezweigen wird ein Durchschnittsalter von 40 Jahren und ein Verlust von ca. 30 Lebensjahren angenommen. Bei den tödlich verlaufenden Krebserkrankungen durch Strahlenverursachung hingegen beträgt (eine lange Latenzzeit von 23 Jahren vorausgesetzt) der durchschnittliche Verlust nur 10 bis 15 Lebensjahre bei einem durchschnittlichen Lebensalter der Exponierten von 42 Jahren. Für nicht tödlich verlaufende Krebserkrankungen wird dabei nur die Zeit der Therapie (zum Beispiel Krankenhausaufenthalt, Operation) als «Verlust» gewertet. Heilbarer Krebs schlägt so in der Schadensstatistik kaum zu Buch.

Bei diesen Berechnungen zeigt sich, daß eine Dosis von 50 mSv (5 rem) mit einer Quote von 340 tödlichen Arbeitsunfällen pro Jahr und pro Million Beschäftigte korrespondiert. In Deutschland wurde eine solche Zahl nur im Bergbau erreicht (Chemie: 50, Eisen und Metall: 70), wobei in den letzten Jahren eine fallende Tendenz zu verzeichnen ist. Dieser Gegenüberstellung geht die ICRP jedoch mit dem Argument aus dem Weg, daß im Durchschnitt der Wert für die zulässige berufliche Strahlenexposition von den Arbeitern nicht ausgeschöpft wird. Vielmehr beträgt die durchschnittliche Belastung nur etwa ein Zehntel der Grenzwerte, nämlich 6 mSv (= 0,6 rem). Dieser Dosis entsprechen dann nur 60 tödliche Arbeitsunfälle pro Million und Jahr, was der ICRP im Vergleich mit anderen Industriezweigen akzeptabel erscheint. Daraus ergibt sich, daß Arbeitnehmer, die an ihrem Arbeitsplatz kontinuierlich höheren Dosen als den 6 mSv ausgesetzt sind, nach ICRP-Maßstäben als überdurchschnittlich gefährdet anzusehen sind.

Zieht man die Personendosen der englischen Wiederaufbereitungsanlage Sellafield oder deutscher Kraftwerke heran, zeigt sich, daß davon nicht wenige Arbeiter betroffen sind. Gerade die Gruppen, die im Bereich Dekontamination und Wartung arbeiten, liegen regelmäßig über dem Durchschnitt, der ja aus allen überwachten Personen gebildet wird, also auch mit denjenigen, die sich nicht kontinuierlich im Kontrollbereich aufhalten und dort arbeiten. Stellt man sich auf den Standpunkt, daß Grenzwerte dazu dienen sollen, die Arbeiter vor überdurchschnittlich hohen Gefahren zu bewahren, erschiene nach den eigenen ICRP-Maßstäben ein Grenzwert von 6 mSv (0,6 rem) empfehlenswert. Wartungs- und Dekontaminationsarbeiten würden entsprechend teurer und komplizierter.

Ungeachtet dieser Betrachtung ergibt sich noch eine Änderung der Grenzwerte aus der Dosisrevision von Hiroshima. Nach allgemein gängigen Abschätzungen liegt die erforderliche Korrektur mindestens bei dem Faktor 2, so daß sich als zu fordernder Grenzwert schließlich 3 mSv (0,3 rem) jährlicher Ganzkörperdosis ergeben.

Dabei bleibt außen vor, welche Punkte bei den ICRP-Abschätzungen noch kritikabel sind. Zum Beispiel wird die genetische Gefährdung nur für zwei Folgegenerationen betrachtet. Das Argument: Ein Arbeitnehmer sei nur durch die Schäden seiner Kinder und Enkel betroffen, da weitere Generationen sich seiner Kenntnis entziehen.

Weiter wäre zu bemängeln, daß die ICRP nur die tödlich verlaufenden Krankheiten, nicht aber die gesamte Zahl der Erkrankungen verrechnet. Verlust an Lebensqualität zum Beispiel durch heilbaren Krebs fehlt als Kategorie.

Zudem sind die Zahlen bereits über die Altersstruktur bereinigt, da die ICRP den Strahlenkrebs durchschnittlich erst in hohem Lebensalter konzipiert. Hier finden sich zunehmend konkurrierend auch andere Todesursachen, die bewirken, daß eine sonst tödlich verlaufende Erkrankung nicht mehr zur Todesursache wird. Das hat zur Folge, daß für bereits in jungem Alter Strahlenexponierte die Gefährdung unterschätzt wird[189].

Das pseudowissenschaftliche (weil in Wirklichkeit politische) Konzept zur Bestimmung des akzeptablen «Strahlenrestrisikos» zeichnet sich somit durch Zynismus aus. Letztlich geht es um die Legitimation von Atomprogrammen, die den Tod von Menschen von vornherein mit einkalkulieren. Weder wird dabei einsichtig, warum das Schadensausmaß, was gegenwärtig existiert, akzeptabel sein soll, noch ist plausibel, warum über die Frage, was gesellschaftlich tolerierbar sei, ausgerechnet ein Wissenschaftlergremium entscheiden soll, das ein erklärtes Interesse am Atomprogramm hat.

Die deutsche Strahlenschutzverordnung verzichtet übrigens auf derlei fragwürdige Abschätzungen. Auf deutsch: Sie vollzieht ein solches Kalkül nicht offen (wie die USA). Ihre eigenen Grenzwertsetzungen begründet sie damit, daß sie für Strahlenschutzzwecke ausreichend seien.

Die Grenzen der Grenzwerte

In der Strahlenschutzverordnung festgelegte Grenzwerte beziehen sich primär auf beruflich strahlenexponiertes Personal. Sie regeln die in normalem Betrieb jährlich höchstzulässige Menge an individueller Strahlenbelastung. Aus den allgemeinen Obergrenzen für den Ganzkörper oder einzelne Organe (zum Beispiel Schilddrüse) errechnen sich die jährlich zulässigen Mengen an aufgenommener Radioaktivität, die sogenannte JAZ, die Jahresaktivitätszufuhr, die die erlaubten Becquerel bezeichnet. Sie muß für jedes einzelne Element (Jod, Cs, Sr, etc.) einzeln berechnet werden. Die Werte sind tabelliert.

Erinnern wir uns: Die Umrechnung von Becquerel (höchstzulässige Aktivität) in rem (Höchstdosis) erfolgt, wie weiter vorn beschrieben, durch die Dosisfaktoren, also jene zusammengefaßten Durchschnittswerte von Durchschnittswerten von Durchschnittswerten. Wie wir bei Plutonium gesehen haben, erreichten durchschnittlich x Prozent der eingeatmeten Becquerel die Lungenbläschen, traten mit durchschnittlich y Prozent ins Blut über, von wo sie sich zu z Prozent in die Knochen begeben und dort pro angekommenen Becquerel noch soundso viel Millirem verursachen. Das Produkt von x, y, z und mehr Faktoren bildet zusammengenommen den Dosisfaktor, der für manche Nuklide gut bekannt ist (Jod), für andere (Plutonium) mehr geraten als gewußt wird.

Die Strahlenschutzverordung begrenzt die Aktivitätszufuhr nur für das sogenannte kritische Organ, läßt also die anderen Organbelastungen unberücksichtigt. Zudem ist das kritische Organ bisweilen völlig willkürlich gewählt, wie erneut das Beispiel Plutonium zeigt: Es wird angenommen, Plutonium in der Blutbahn verteile sich zu jeweils 45

Prozent gleich in Knochen und Leber. Für den Knochen wurde ganz allgemein 30 rem, für die Leber 15 rem als oberer Dosisgrenzwert festgelegt. Trotz gleicher Strahlensensibilität beider Organe[190] wurde der Knochen als kritisches begrenzendes Organ ausgewählt – offenbar weil die dann zulässige Plutonium-Aktivitätsaufnahme doppelt so hoch sein darf wie bei der Leber.

Professor Jakobi, heute Mitglied der Strahlenschutzkommission, merkte 1978 dazu an: «So wurde zum Beispiel bei der Ganzkörperbestrahlung nur das rote Knochenmark als kritisches Organ in bezug auf somatische Schäden betrachtet, weil man die Leukämie als dominierenden Spätschaden ansah. Deshalb finden wir auch in der Strahlenschutzverordnung für das Knochenmark den gleichen Dosisgrenzwert angegeben wie für Ganzkörperbestrahlung. Wir wissen aber heute, daß die Gefahr fataler stochastischer Strahlenschäden nach Ganzkörperbestrahlung drei- bis fünfmal höher ist als die Leukämiegefahr. Das historische Konzept des kritischen Organs kann daher heute nicht mehr als ein sicheres Konzept für die Festlegung stochastischer Grenzwerte angesehen werden.»[191]

Der Wert der Grenzwerte ist jedoch nicht nur begrenzt durch die ihnen innewohnende Unlogik, das teilweise in ihnen versteckte Unwissen oder überholte Konzepte, sie sind auch zulässigerweise überschreitbar. In §50 der Strahlenschutzverordnung heißt es: «Ist es zwingend geboten, Störfallfolgen oder eine Gefährdung von Personen zu beseitigen, so können außergewöhnliche Strahlenexpositionen zugelassen werden... Die Körperdosen dürfen in einem Jahr das Zweifache und im Laufe des Lebens das Fünffache der Grenzwerte nach Anlage X Spalte 2 für beruflich strahlenexponierte Personen nicht überschreiten.» Und weiter: «Wurden bei einer außergewöhnlichen Strahlenexposition die Grenzwerte der Jahreskörperdosen überschritten, so ist diese Überschreitung allein kein Grund, die beruflich strahlenexponierte Person von ihrer normalen Beschäftigung im Kontrollbereich auszuschließen.»[192]

So sind die Grenzwerte nicht nur mit gewissen Einschränkungen zulässig übertretbar, auch eine unzulässige Überschreitung bleibt relativ folgenlos. Der Betreiber ist nirgends verpflichtet, die Ursache einer solchen Übertretung feststellen zu lassen und den Mangel dauerhaft zu beheben. Die Strahlenschutzverordnung legt auch keine klaren Behandlungsrichtlinien für unzulässig bestrahlte Arbeiter fest. Sie regelt zwar die Aktivitätshöhe, ab der eine Oberfläche von Radioaktivität gereinigt und dekontaminiert werden muß, eine entsprechende Richtzahl für die menschliche Haut hingegen wird nicht angegeben. Grenzwerte für die Hautdekontamination existieren bei uns –

im Gegensatz zu unseren Nachbarn Österreich, Schweden, Schweiz, DDR und England – nicht.

Ferner lassen die Grenzwerte zu, daß man sie ganz legal unterläuft: Nehmen wir einen Störfall an, bei dem ein Mann, der den Schaden reparieren würde, dem Vierfachen des zulässigen Grenzwertes ausgesetzt wäre. Die Firma kann sich dadurch behelfen, daß sie kurzfristig vier Arbeiter einstellt und jeden von ihnen mit der zulässigen Höchstdosis belastet. Selbst Obdachlose wurden schon für ein paar Minuten Arbeit in der heißen Störfallzone angeworben. Solche Beispiele sind nicht aus der Luft gegriffen, sondern wirklich passiert[193, 194]. Eine gleich groß bleibende Gesundheitsgefahr kann so ganz einfach in kleinere Portionen aufgeteilt werden. Dieses Verdünnungsprinzip hat mit Strahlenschutz allerdings nichts mehr zu tun.

Ein weiteres Beispiel: Nehmen wir an, ein Atomkraftwerk würde mit seinem 100 Meter hohen Kamin zu viele radioaktive Stoffe in die Luft abgeben, um genehmigungsfähig zu sein – was tun? Einen 200 Meter hohen Kamin (wie in Wackersdorf vorgesehen) bauen, der verteilt dann den gleichen Dreck einfach nur auf mehr Personen. Der Grenzwert für jeden einzelnen wird dann nicht mehr überschritten, die individuelle Strahlengefahr der Anrainer wird genehmigungsfähig gesenkt zu Lasten des Kollektiv«risikos» der weit entfernten, vorher nicht betroffenen Nachbarschaft. Weiterer Vorteil: Die zu erwartende gleichbleibende Zahl von Krebserkrankungen entsteht nicht auffälligerweise in der unmittelbaren Nähe des Atomkraftwerks. Der kleine Strahleneffekt wird in der großen Zahl der Betroffenen nicht mehr nachzuweisen sein.

Außerberufliche Strahlenbelastungen durch Röntgenaufnahmen werden in die Grenzwerte des Strahlenschutzes gar nicht erst mit einbezogen. Medizinische Strahlenbelastungen dürfen in unbegrenzter Höhe durchgeführt werden. Selbst wenn ein Atomarbeiter durch Röntgenbilder das Pendant der zulässigen Jahresdosis bereits erhalten hat, darf er beruflich weiter strahlenexponiert werden.

Das Grenzwertkonzept ist somit in vielerlei Hinsicht unvollkommen. Daß auch eine Überschreitung der Werte nicht immer registriert wird bzw. nicht einmal immer ein valides Instrumentarium zur Überprüfung der Einhaltung dieser Grenzwerte vorliegt, hat sich schon am Beispiel der Plutonium-Urin-Messungen erwiesen. Jedoch lassen auch die simplen Personendosimeter erhebliche Fehleinschätzungen zu. Sie erfassen die Neutronendosis nicht richtig, ebenso wie die erhebliche Körperbelastung durch radioaktives Radon in der Atemluft (zum Beispiel der Hanauer Nuklearbetriebe) nicht adäquat mitgemessen wird. Die Fehlerquote kann im Einzelfall sehr groß sein. Das zeigt auch ein Urteil des bayrischen Landessozialgerichts, wo auf Grund eines anderen Meßverfahrens der menschlichen Strahlenbelastung festgestellt wurde, daß die Dosis nicht wie mit dem Personendosimeter gemessen, 250 Millirem, sondern in Wirklichkeit 38 rem betragen hatte.[190, 208] Es trifft also nicht nur auf Plutonium zu, daß viele der angegebenen Schätzungen nicht mit der Wirklichkeit übereinstimmen.

Die Grenzwerte und der unterschätzte Tod

Wenn ich bisher behauptet habe, die Grenzwerte dienten wesentlich dazu, die Zahl der Todesfälle zu justieren, so interessiert doch, wie hoch diese numerisch eingeschätzt werden. Die offiziellen Angaben der Internationalen Strahlenschutzkommission (ICRP) lauten 125 Todesfälle pro Jahr an zusätzlich auftretendem Krebs pro eine Million mit einem rem bestrahlter Personen. Kurz: 125 Tode pro Mega-Personen-rem. (12 500 Tote pro Mega-Personen-Sievert). Diese Schätzung stellt eine Untertreibung der Strahlengefahr dar, denn:

1. Die Dosisrevision der Hiroshima- und Nagasaki-Daten zwingt zu einer doppelt so hohen Gefahreneinschätzung.[196, 190]

2. Es gibt keine Beweise für die Annahme, daß im Niedrigdosisbereich der Strahlenschaden plötzlich schneller fällt als nach dem Gesetz: «Halbe Dosis verursacht halben Schaden.» Vielmehr ist eine lineare Dosis-Wirkungs-Beziehung anzunehmen[197, 190] und das Strahlen«risiko» erneut zu doppeln (siehe auch NIH-Studie[198]).

3. Im deutschen Rechtssystem ist nicht nachzuvollziehen, den Tod eines Menschen mit noch 15 Jahren Lebenserwartung nur halb so schwer zu gewichten wie den Tod eines jüngeren Menschen mit noch einer längeren Lebensspanne. Wertet man beide Sterbefälle gleich, ändert dies den Beitrag des Krebstodes im Gefahrenvergleich erneut um das Doppelte[190].

4. Nach dem deutschen Grundrecht auf körperliche Unversehrtheit und im Gegensatz zur Internationalen Strahlenschutzkommission müßte man den Schutz vor *nicht tödlich* verlaufenden, heilbaren Krebserkrankungen ebenso zu gewährleisten suchen wie den Schutz vor tödlichem Krebs.

5. Der Qualitätsfaktor Q, der in die Berechnung der Dosisäquivalente (rem) eingeht, ist insbesondere bei hochenergetischer Partikel-

strahlung (Alpha-/thermische Neutronen) tendenziell zu niedrig angesetzt. Statt maximal 20 kann er 50 bis 100 betragen. Überhaupt gibt die formale Rechenvorschrift des Q-Faktors nicht annähernd genau die relativ verschiedene biologische Wirksamkeit der einzelnen Strahlenarten und Nuklide wieder [190, 199].

6. Die Schäden durch Bestrahlung einzelner Organe werden durch die Internationale Strahlenschutzkommission im internationalen Autorenvergleich meist recht niedrig eingeschätzt, obwohl es doch Aufgabe einer Strahlenschutzkommission sein sollte, Gefahren im Zweifelsfall eher zu hoch als zu tief einzuschätzen oder zumindest den Durchschnitt zu wahren [200, 201].

7. Belastet man die einzelnen Körperorgane mit den jeweils höchstzulässigen Organdosen, so überschreitet die Summe dieser Organbelastungen den zulässigen Ganzkörpergrenzwert bisweilen um ein Vielfaches (65 bis 500 Prozent je nach betrachtetem Nuklid) [202, 203]. Aufgrund dieser Widersprüchlichkeit bietet der Ganzkörpergrenzwert keinen hinreichenden Schutz.

8. Auch das Konzept des kritischen Organs in der Strahlenschutzverordnung berücksichtigt die Schäden nur unvollkommen: Die zulässigen Jahresaktivitätszufuhren betrachten nur den Hauptschaden am hauptsächlich betroffenen, dem sogenannten kritischen Organ. Nebenschäden werden nicht mitgerechnet.

9. Die Strahlengefährdung für Frauen wird unterschätzt: Gegenüber Männern haben sie zusätzlich ein hohes Brustkrebs«risiko» [204], und die Wahrscheinlichkeit, daß Schilddrüsenkrebs auftritt, wird bei ihnen dreimal höher eingeschätzt [198].

10. Genetische Schäden nach mehr als zwei Folgegenerationen können noch gar nicht berechnet werden. Hier stößt das klassische Arbeitsschutzkonzept an Grenzen. Die Verantwortlichkeit für Gesundheitsschäden muß über den einzelnen hinaus erweitert werden.

11. Grenzwerte beziehen sich in ihrem Geltungsbereich immer auf den «Standardmenschen»:

Die deutsche Strahlenschutzverordnung gibt zwar teilweise eigene Dosisfaktoren für Kleinkinder an, ansonsten aber legen sämtliche Rechenmodelle zur Dosisabschätzung und Beurteilung der Strahlungsgefahr den Standardmenschen zugrunde. Dieser ist ein 34jähriger Arbeiter, männlich, Nichtraucher, wiegt 70 Kilo, seine Leber wiegt 1700 Gramm. Sämtliche Organgewichte, Größe und Maße sind normiert. Inzwischen gibt es allerdings auch für Frauen wissenschaftliche Abhandlungen z. B. über die Normbrustgröße der sogenannten Referenzfrau [205].

Ohne durchschnittliche Schätzwerte zugrunde zu legen, lassen sich auch keine Grenzwerte bilden. Problematisch für individuelle Dosisabschätzung bleibt allerdings das Ausmaß der persönlichen Abweichung von dieser Norm, und äußerst problematisch ist die Tatsache, daß für die Grenzwerte gar kein Durchschnittsmensch gewählt wurde, sondern ein Idealmensch in mittleren Jahren bei besten Kräften. Überträgt man folglich eine Gefahrenabschätzung von 125 Toten pro eine Million man-rem von der Gruppe der Standardarbeiter auf die Normalbevölkerung, macht man sich einer weiteren ernsthaften Untertreibung schuldig. Frauen, Kinder, Greise, Raucher, Kranke, die röntgenbestrahlt werden, Arbeiter, die mit krebserregenden Chemikalien hantieren – die Liste der Risikogruppen ließe sich reichlich verlängern. Im Kalkül der Strahlengefahren wird folglich mit dem Standardmenschen eine «best case»-, sozusagen eine ideale Variante, durchgespielt, nicht eine realistische oder gar eine «worst case»-Variante.

Fassen wir zusammen: Die offizielle Beurteilung der Strahlengefahr unterschätzt das Problem erheblich. Eine globale Absenkung der Grenzwerte wäre sinnvoll und zu fordern, da grundsätzlich niedrigere Grenzwerte auch weniger Opfer fordern und die Zahl der angeblich tolerierbaren Opfer eine systematische Untertreibung darstellt. In einem vom Bundesministerium für Forschung und Technologie geförderten Forschungsbericht zu Arbeitsbedingungen in Wiederaufbereitungsanlagen wird dementsprechend gefordert, die zulässige Jahreshöchstdosis um das 25- bis 30fache zu reduzieren.[76]

Ausnahmsweise möchte ich hier auch das *Deutsche Ärzteblatt* zitieren: «Alle bisherigen Beobachtungen und experimentellen Erfahrungen lassen es möglich erscheinen, daß das spontane Risiko, an einem bösartigen Tumor zu sterben, in den westlichen Industrieländern um etwa 0,1 Prozent pro 1 rem absorbierter Strahlenmenge angehoben wird.»[206] Das wäre also – wenn's kein Druckfehler war – ein Anstieg von 1 Promille pro rem, also 1000 Tote pro Million man-rem, also ca. zehnmal soviel, wie die gängigen Schätzwerte der Strahlenschutzkommission annehmen.

Daraus kann eigentlich nur gefolgert werden, daß die gängigen Grenzwerte mindestens um das zehnfache gesenkt werden müßten, – eine Folgerung, die das *Deutsche Ärzteblatt* leider noch nicht nachvollzieht.

Grenzwerte für die Bevölkerung – das 30-Millirem-Konzept

Neben den arbeitsplatzbezogenen Grenzwerten hat die Strahlenschutzkommission (SSK) seit 1976 auch Dosisgrenzwerte für die Bevölkerung festgelegt, den zulässigen Gesundheitspreis, der gesellschaftlich für die friedliche Nutzung der Kernenergie zu zahlen und zu tolerieren sei: maximal 30 Millirem pro Person und Jahr. Bei seiner Ausschöpfung würde das nach offiziellen Erkenntnissen bei einer Bevölkerung von 60 Millionen mindestens 180 zusätzliche Tote pro Jahr kosten, nach neueren Erkenntnissen 1800 Tote. Glücklicherweise werden diese Grenzwerte bislang nicht ausgeschöpft, so daß bei einer behaupteten Strahlenbelastung durch Kernkraftwerke von nur einem Millirem pro Jahr die Folgen zwischen 6 und 60 Toten liegen dürften.

Zulässige Organgrenzwerte

Ganzkörper	30 mrem/Jahr
Keimdrüsen	30 mrem/Jahr
Knochen	180 mrem/Jahr
Haut	180 mrem/Jahr
alle anderen Organe	90 mrem/Jahr

Warum sind diese Werte so wichtig, wenn sie doch angeblich nie ausgeschöpft werden?

§ 45 der Strahlenschutzverordnung legt fest, daß eine kerntechnische Anlage nur dann genehmigungsfähig ist, wenn nirgendwo in ihrer Umgebung Menschen durch irgendwelche Zufälligkeiten der Orts- und Wetterlage, ihrer Ernährungs- und Verhaltensgewohnheiten mit mehr als 30 Millirem belastet werden. «Extreme Lebens- und Konsumgewohnheiten von Einzelpersonen können dabei außer Betracht bleiben.»[209] Für die in der Nähe von Atomkraftwerken lebende Nachbarschaft muß daher die Einhaltung des 30-Millirem-Konzeptes durchgerechnet (nicht nachgewiesen) werden. Alte Strahlenschützer mit Weitblick möchten es daher am liebsten wieder verlassen: «Die Erfahrungen der letzten Jahre haben gezeigt, daß die Einhaltung des 30-Millirem-Konzeptes in einigen Bereichen auf Schwierigkeiten stößt; dies gilt insbesondere für einige spezielle Anlagen mit einer relativ hohen Emission von natürlichen radioaktiven Stoffen. Der Anwendungsbereich dieses Konzeptes muß daher bei einer Revision der Strahlenschutzverordnung sorgfältig überdacht werden.»[207] (Jakobi, Mitglied der SSK)

Weitere Vorbedingung: «Für die Einleitung von Nukliden in Wasser ist eine Vorbelastung durch andere Emittenten zu berücksichtigen.»[209] Ich wüßte nicht, daß dies nach Tschernobyl berücksichtigt worden wäre und Kliniken oder Atomkraftwerke ihren atomaren Ausstoß für einige Zeit verringert oder eingestellt hätten. In solchen Situationen wird die Strahlenschutzverordnung schlicht übergangen.

Eine weitere Besonderheit der üblichen Berechnungsweise der Umweltbelastung besteht darin, daß produktionstechnisch bedingte Spitzenbelastungen über den Jahresdurchschnitt gemittelt werden. Stellen Sie sich vor, ihr Arzt hätte 365 genehmigte Schlaftabletten für Sie bereit, also pro Tag eine. Nun würde er ihnen diese aber nicht täglich, sondern in so sonderbarer Weise verabreichen, wie neun Tage keine, dann 10 Stück auf einmal, dann drei Monate eine halbe täglich, dann 45 auf einmal und so fort. Natürlich endet die Vergleichbarkeit dieses Beispiels darin, daß bislang durch genehmigte radioaktive Umweltbelastungen keine akut tödliche Dosis verabreicht wurde, für schwangere Frauen können solche Spitzenwerte dennoch bedeutsam sein.

Schließlich kann sich aber auch bei Genehmigungsverfahren nach dem 30-Millirem-Konzept rechnerisch ergeben, daß die Emissionswerte für den Baubeginn zu hoch sind. Für diesen Fall empfiehlt der Innenminister dem Gutachter zwei Möglichkeiten: Entweder müssen die Abgabewerte des Atomkraftwerkes reduziert werden, «oder es muß durch spezielle Untersuchungen oder Erhebungen über die begrenzenden Parameter nachgewiesen werden, daß die Berechnung überkonservativ gewesen ist!»[210] Um zum gewünschten Ergebnis zu gelangen, hat der Gutachter also die Wahlmöglichkeit, sein Rechenmodell zu ändern und weniger konservative Annahmen zu tätigen!

Die Modellrechnung des Gutachters sieht anschließend vor, die Nuklidkonzentration im jährlichen Mittelwasser des Flusses für «*den* Fisch» zu berechnen, oder «*den* Wasser-Futterpflanze-Tier-Milch/Fleisch-Pfad» zu kalkulieren, mit Transferfaktoren, Übertrittsfaktoren der Radioaktivität von Regenwasser in «*den* Boden», «*die* Pflanze» etc. Es gibt aber nicht *den* Fisch, *die* Pflanze usw. Nach Tschernobyl hat sich gezeigt, daß beispielsweise einzelne Pflanzen die Radioaktivität ganz unterschiedlich anreichern. Abweichungen bis zum 500fachen vom festgelegten geschätzten Mittelwert sind dabei keine Seltenheit.[238]

Anschließend sollte der Gutachter jeden Pfad für jedes Radionuklid einzeln durchrechnen.[210] Damit das aber nicht zu kompliziert wird, bietet auch hier das geltende Recht eine Ausweichmöglichkeit. Und so kann er sich auf einige wenige Nuklide, die sogenannten Leitnuklide, beschränken.

Leider ist aber im voraus nicht bekannt, welche Leitnuklide in welchen Proportionen vom jeweiligen Reaktor ausgestoßen werden. Die Zusammensetzung ändert sich von Mal zu Mal, von Jahr zu Jahr, je nach Reaktoralter und technischen Vorkommnissen. So gab das Kernkraftwerk Würgassen im Jahre 1975 ein fünfmal so gefährliches, also fünfmal höher strahlenbelastendes Nuklidgemisch an die Umwelt ab als 1972[209]. Auch hier weiß der Minister Rat: «Ist das Radionuklidgemisch, das abgeleitet wird, nicht seiner Art nach bekannt, so muß, damit eine Abschätzung überhaupt durchgeführt werden kann, ein bestimmtes Radionuklidgemisch in die Rechnung eingeführt werden.»[209, S. 19] Unbekanntes wird trotzdem bestimmt, bleibt gutachterliche Ermessenssache und führt zu völlig willkürlichen Modellgemischen.

Was man im voraus nicht berechnen kann, das sollte man aber zumindest in nachträglichen Messungen überprüfen. Das Bundesinnenministerium weiß auch hier wieder Rat, wie man eine solche Überprüfung vermeiden kann, und zwar durch Berechnungen, die keine wirklichen Berechnungen sind: Kerntechnische Anlagen geben vor allem Stoffe in die Atmosphäre und Oberflächengewässer ab, die «in der Regel nicht genügend genau zu messen sind, um damit eine unmittelbare Immissionsmessung durchzuführen». (Eine reine Frage des Aufwandes; d. A.). Die jährliche Ableitung könne jedoch durch Berechnung «genügend genau erfaßt werden»[210]. Wahrheit per Dekret...

Die eigentliche Bedeutung des 30-Millirem-Konzeptes, des einzigen bevölkerungsrelevanten Grenzwertes der Strahlenschutzverordnung, liegt in diesem fadenscheinigen Genehmigungsverfahren für Atomanlagen. Bei größeren Unfällen, wie sie sich in Windscale, Harrisburg oder Tschernobyl ergeben haben, sind die 30 Millirem bedeutungslos. Dann gibt es keinen rechtsverbindlichen Schutzanspruch. Die Politiker ziehen es vor, sich in solchen Situationen lieber ihren Handlungsspielraum offenzuhalten. Die Folge: Für Tschernobyl wurde der Interventionswert für Milch so hochgesetzt, daß ein Kleinkind sich schon mit anderthalb Litern Bundesmilch à 500 Bq Jod eine Schilddrüsendosis von 300 Millirem erwerben konnte.

Bewertung der Grenzwerte

Wenn man die Nutzung von Atomkraft für sinnvoll hält, und unter dieser Prämisse möchte ich die Diskussion beginnen, dann sind auch Dosisgrenzwerte sinnvoll, denn sie begrenzen und mindern das persönlich zu erwartende Schadensausmaß. Je niedriger sie angesetzt werden, um so geringer ist der gesundheitliche Preis. Eine Senkung der Grenzwerte ist allerdings dann ziemlich sinnlos, wenn sie nur einen Schutz des individuellen «Risikos» ins Auge fassen und man die Grenzwerte unterlaufen kann, indem man nach dem Verdünnungsprinzip einfach mit einer kleineren Gefahr eine dafür größere Gruppe belastet.

Für wirksame Grenzwerte wären folgende Verbesserungen nötig:

● Der Einsatz von unbegrenzten Mengen an Fremdpersonal für «heiße» Reparatur- und Wartungsarbeiten müßte verboten werden. Der Betreiber sollte statt dessen verpflichtet werden, sauberer zu arbeiten, für Dekontaminationsarbeiten in heißen Zonen nur Automaten einzusetzen oder gegebenenfalls die Radioaktivität abklingen zu lassen.

● Genehmigungsfähige Ausnahmen zur Überschreitung der Grenzwerte müßten abgeschafft werden. Im Zweifelsfall hat man das Abklingen der Radioaktivität abzuwarten und Dekontaminationsarbeiten technisch anders zu lösen.

● Mögliche Berechnungsmodelle, die das, was sie zu berechnen vorgeben, gar nicht berechnen können, weil harte Erfahrungsdaten durch hypothetische, zum Teil völlig willkürliche Annahmen ersetzt wurden, produzieren Ergebnisse, deren einziger Wert darin besteht, daß sie Sicherheit vortäuschen, wo diese gar nicht existiert. Abschätzungen sind als solche kenntlich zu machen und sollten nur noch erlaubt werden, wenn die mögliche Fehlerbreite im Endergebnis gezeigt wird, durchgerechnet für alle «worst case»-Werte der einbezogenen Faktoren. Wenn die Schätzung für den schlimmsten Fall bis zu 1000 Prozent über dem wahrscheinlichen Durchschnittswert liegen kann, dann muß das zu erkennen sein. Idealtypische Annahmen müßten aus dem Kalkül entfernt werden.

● Den oben aufgeführten elf Argumenten gegen eine Schadensunterschätzung müßte Rechnung getragen werden (eigene Grenzwerte für Frauen und Kinder, höhere Qualitätsfaktoren für Alpha- und Neutronenstrahlung, Nachvollzug der Hiroshima-Dosisrevision etc....).

● Es gilt ein Strahlenschutzkonzept zu fordern, welches das Konstrukt des «kritischen Organs» verläßt und in der Lage ist, die Summe aller Haupt- und Nebenschäden einer radioaktiven Substanz zu bilden. Daß diese Summe die zulässige Ganzkörperbelastung überschreiten darf, kann nicht mehr akzeptiert werden.

● Bei einer erfolgten Überschreitung der Grenzwerte müßte der Arbeitgeber beweisen, daß ein anschließend entstandener Krebs *nicht* als Strahlenfolge angesehen werden kann. Dies würde nach französischem Vorbild eine «Beweislastumkehr» bedeuten und die leidvollen und nahezu aussichtslosen Gutachterkämpfe für betroffene Arbeiter reduzieren.

● Im Genehmigungsverfahren für Atomkraftwerke müßte die Strahlenabgabe an die Umwelt nicht nur vorausberechnet, sondern jährlich durch Messungen verifiziert werden. Die Ergebnisse wären zu veröffentlichen, der Betrieb bei Überschreitung einzuschränken.

● Neueren Erkenntnissen zufolge müßten die Grenzwerte um mindestens das Zehnfache nach unten gesenkt werden.

● Ein Überschreiten müßte für den Betreiber Folgen haben, mindestens aber öffentliche Meldepflicht und die Pflicht zur Mängelbeseitigung.

● Die Betriebsgenehmigung zur Produktion und zum Umgang mit Plutonium, das derzeit 0,1 Promille der Aktivität in der radioaktiven Abluft der Atomkraftwerke ausmacht[210], müßte auf unbestimmte Zeit entzogen werden, da hier die Gesundheitsgefahren zur Zeit weder abschätzbar noch meßtechnisch zu überprüfen sind.

Die Liste an Forderungen ließe sich durchaus noch verlängern. Sie ist bewußt im Konjunktiv gehalten, denn die Vorschläge, die hier gemacht werden, stehen natürlich in Widerspruch zu den jetzigen Produktionsbedingungen von Reaktoren. Was die «Umkehr der Beweislast» anbetrifft, sind die Betreiber möglicherweise nur aus Kostengründen ablehnend, die Forderung nach zusätzlichen und öffentlichen Messungen allerdings könnten schon politischen Widerstand auf den Plan rufen, und was drastisch gesenkte Grenzwerte anbelangt oder gar die Plutoniumproduktion, da geht es an die Substanz der Industrie, denn Plutonium ist ein unvermeidliches Abfallprodukt jedes Reaktors. Somit ist der Zeitpunkt gekommen, laut über die Eingangsprämisse nachzudenken, ob man die Nutzung von Atomkraft dann noch für sinnvoll hält.

Stellen Sie sich vor, ich hätte ein Buch über das Auto geschrieben, hätte die Betonierung der Umwelt beklagt, den Gummiabrieb auf den Straßen berechnet, Blei, wahlweise Benzol in Wein und Milchkühen angeprangert, die Unfalltoten pro Jahr gezählt, auf Trunkenheit am Steuer hingewiesen, die Energieverschwendung des Individualverkehrs gegenüber dem öffentlichen Nahverkehr beklagt – und dabei nie auf die Vorzüge des Ganzen hingewiesen: Komfortables, schnelles Reisen, vergrößerter menschlicher Aktionsradius, ausdrucksstarkes Statussymbol – wie auch immer...

Sie würden einräumen, das man das Automobil zwar auch unter den erstgenannten Gesichtspunkten betrachten kann, aber Sie würden mir zu Recht Einseitigkeit vorwerfen und mich fragen, ob ich unsere Autokultur abschaffen wollte.

Meine Antwort wäre: Das Auto würde ich primär lieber verbessern, nicht abschaffen wollen. Man kann energiesparendere Motoren bauen, das hat sich gezeigt, und wenn der öffentliche Verkehr etwas attraktiver gestaltet würde, ließe sich auch diese Richtung schwerpunktmäßig weiterentwickeln...

Die Atomkraft würde ich allerdings lieber primär abschaffen als verbessern wollen. Politisch zieht man sich ein trojanisches Pferd heran, technisch realisiert man ein unrentables, überkompliziertes und letztlich unsicheres Großprojekt.

Ungleich dem Automobil, das sich durchgesetzt hat, gab es in der Großtechnologie-Geschichte immer auch Entwicklungslinien, die sich als Sackgassen erwiesen haben. Die großen prestigeträchtigen Luftfahrtambitionen mit Zeppelinen wurden schließlich einige Zeit später mit einer ganz anderen Form von «Flugzeug» realisiert. Vorher mußte es zum großen Knall kommen, einer Zeppelinbrandkatastrophe. Dann allerdings wurde die Entwicklungslinie relativ folgenlos eingestellt. Es traten keine ökologischen Dauerschäden auf.

Bei so hochkomplizierten Technikabläufen, wie ein Atomkraftwerk sie voraussetzt, kann ein fehlerhafter Computerchip, eine mangelhafte Treibstoffdichtung, ein kleiner Schaltplanfehler katastrophale Folgen haben. Aber selbst im Normalbetrieb werden hier Fakten geschaffen, die über Generationen hinweg Auswirkungen haben werden. Wie wird man die ausgedienten Reaktoren los? Wie sicher können wir die Abfälle lagern? Mein Wissen über das hier vorhandene Unwissen bei gleichzeitig großem medizinischen Gefahrenpotential läßt mich einseitig zur Atomenergie Stellung beziehen: Ich lehne sie ab.

● Mit dem billigen Atomstrom verhält es sich ebenso wie mit der billigen irischen Molkereibutter bei EDEKA um die Ecke: Der Preisvorteil entstand durch Subvention, für die letztlich irgendein Steuerzahler aufkommen muß. Für die Atomenergie waren das von 1956 bis heute knapp 30 (zugegebene) Milliarden.

● Energiepolitisch ist der Atomkraft auch kein Vorzug eigen, da Energiesparen mit kleinerem Aufwand größere Effekte bringt und jede andere Energiegewinnungstechnik, wäre sie ähnlich gefördert

worden wie die Kernindustrie, längst zu ernst zu nehmenden Energie-
alternativen geführt hätte. Das Bundesministerium für Forschung
und Technologie (BMFT) hieß nicht umsonst früher Atomministe-
rium und erhielt bei der Umbenennung das Gründungsziel, die friedliche Nutzung der Kernenergie kräftig zu fördern[211].

● Arbeitsplatzpolitisch gehört die Atomindustrie zu den kapitalin-
tensivsten überhaupt. Das heißt, für das gleiche eingesetzte Geld
hätte man in anderen Industriezweigen ein Vielfaches an Arbeitsplätzen schaffen können.

Wieso aber wird ein toter Arm im Entwicklungsstrom der Technologie nicht trockengelegt? Wieso ist es immer noch ein Novum mit
Präzedenzfallcharakter, eine Technologie wegen mangelnder Um-
welt- und Sozialverträglichkeit einzustellen? Wenn wir nun heute vor
einer Situation stehen, daß wir eine teure und gefährliche Energie wie
die Atomenergie haben, so kann das nicht allein den Politikern in die
Schuhe geschoben werden – die Fehlprognosen stammen auch aus
dem sogenannten «Experten»-Lager.

Die Experten

«Politiker lieben klare Worte, auch wenn sie falsch sind», so meint Professor Erich Oberhausen, Vorsitzender der Strahlenschutzkommission.[223] Politiker beschreiben ihr eigenes Verhältnis zu den Expertengremien anders: «Die Bundesregierung bedient sich der unabhängigen Experten, um in wissenschaftlichen Fragen eine fundierte, an keine Interessengruppe gebundene Entscheidungsgrundlage zu erhalten.»[224] Wie ist es um die Interessenfreiheit der Expertengruppen bestellt? Bieten Wissenschaftler Methoden, aufgrund derer sich Menschen über Tatsachen einigen können? Sind sie wirklich mit Fachwissen ausgestattet und der Wahrheit verpflichtet oder, wie Brecht es nennt, ein «Geschlecht erfinderischer Zwerge, die für alles gemietet werden können»?[240] Müssen wir weiter von der Fiktion ausgehen, der einzelne würde selbst dann noch im Interesse des Allgemeinwohls handeln, wenn ihm das handfeste Nachteile einbringt? Wenn diese Fiktion stimmte, wären Staat und Politik überflüssig. Heute können wir uns diese Fiktion nicht länger leisten.[241]

Wertneutrale Wissenschaft ist eine Mystifikation. Experten haben Absichten, Experten verfügen über Mittel, unter anderem auch Mittel, um unliebsames Wissen zu verschleiern oder zu verharmlosen:

Durch *Geheimhaltung*: Herr Langham veröffentlichte die Resultate seiner Menschenversuche (sechs Jahre später), ohne zu beschreiben, wie er diese Ergebnisse gewonnen hatte[213]. Die Meldung einer vor 29 Jahren versehentlich über New Mexico ausgeklinkten Wasserstoffbombe ging erst dieser Tage durch die Presse[214]. Die Gesundheitsfolgen von Hiroshima wurden lange Zeit nicht öffentlich ausgewertet.

Durch *Forschungslenkung*: Alternative Energieträger oder Krebs-statistiken in der Umgebung von Atomanlagen werden nur äußerst zögerlich gefördert und Wissenschaftler ausgeschlossen, die mißliebige Ergebnisse produziert haben (Mancuso[215]).

Durch *Durchschnittsbildung*: Lokal sehr hohe Dosen werden einfach über die ganze Welt gemittelt, wie zum Beispiel Jod nach Atomtests in Nevada[216], oder die sehr hohe Organbelastung von Lungenlymphknoten mit Plutonium wird einfach über die gesamte Lunge verrechnet (was höhere Grenzwerte erlaubt), oder eine Durchschnittsbildung wird über eine größere Zeitspanne vorgenommen: Radioaktive Abgasspitzen verschwinden so im Jahresmittelwert – so hat der französische Verteidigungsminister Debre australischen Wissenschaftlern seinerzeit vorgeschlagen, die gefundene hohe Joddosis nach Atomtests bei Kindern einfach über fünf Jahre zu mitteln, dann würde sie der durchschnittlichen natürlichen Hintergrundstrahlung entsprechen[217].

Durch die *Suggestion*, ein Effekt, der statistisch noch nicht erfaßt werden kann, würde deshalb auch nicht existieren (Problem von breit gestreuten und erst langfristig auftretenden Krebstoten nach Niedrigdosisbestrahlung).

Durch *Subtraktion* von heilbarem Krebs aus der Krebsstatistik[218].

Durch Vorlage von *Modellrechnungen*, die Faktoren unklarer Herkunft enthalten und mit Erfahrungswissen nicht abgestützt sind. Beispiele dafür sind die Qualitätsfaktoren der Neutronendosisberechnung für Concorde-Passagiere[219], mit denen die Höhenstrahlung im Überschallflugzeug berechnet wird, oder die Herkunft des Faktors, mit dem die inhomogene Plutoniumverteilung in der Lunge berücksichtigt werden soll[220].

Durch schlichte *Ignoranz* wissenschaftlicher Erkenntnisse, wie z. B. durch den Vorsitzenden der Vereinigung Deutscher Strahlenschutzärzte, Professor Wilhelm Börner aus Würzburg, der nach dem Reaktorunglück von Tschernobyl eine konkrete gesundheitliche Gefährdung der Bevölkerung in der Bundesrepublik sogar an jenen Stellen ausschloß, wo die größte Menge an radioaktivem Niederschlag gemessen wurde. Auch für Kleinkinder und Schwangere seien langfristige Schäden nicht zu erwarten[221].

Per *Definition*: Probleme werden einfach als für den Strahlenschutz hinreichend gelöst bezeichnet[218], auch wenn man es nicht begründen kann und eine wissenschaftlich fundierte Datenbasis fehlt.

Durch *Umbenennung* sozialer, ethischer oder politischer Entscheidungen als «wissenschaftlich», zum Beispiel bei der Kosten-Nutzen-Analyse des Gesundheitspreises der Atomkraft.

Die Komplexität der Strahlenschutzprobleme erleichtert Täuschung und auch Selbsttäuschung.

Bezieht man die Informationsexperten aus der Politik in diese Betrachtung mit ein, muß noch ein letztes Mittel erwähnt werden: Die *Lüge*. «Geheimhaltung nämlich und Täuschung – was die Diplomaten Diskretion oder auch die arcana imperii, die Staatsgeheimnisse nennen, gezielte Irreführungen und blanke Lügen als legitime Mittel zur Erreichung politischer Zwecke kennen wir seit den Anfängen überlieferter Geschichte. Wahrhaftigkeit zählte niemals zu den politischen Tugenden, und die Lüge galt immer als ein erlaubtes Mittel in der Politik. Wer über diesen Sachverhalt nachdenkt, kann sich nur wundern, wie wenig Aufmerksamkeit man ihm im Laufe unseres philosophischen und politischen Denkens gewidmet hat.»[222]

Wie meinte doch Bundeskanzler Helmut Kohl am 14. Mai bei seiner Regierungserklärung zu Tschernobyl? «Die friedliche Nutzung der Kernenergie in der Bundesrepublik Deutschland ist ethisch verantwortbar, dient unserer Gesundheit und schützt unsere Umwelt.»

Und auch das Wort des bayrischen Ministerpräsidenten Strauß, die Wiederaufbereitungsanlage sei «ähnlich ungefährlich wie eine Fahrradspeichenfabrik» gehört heute schon zu den Klassikern der Atomkraftlegenden.

Ganz anders äußerte sich 1963 John F. Kennedy, damals Präsident der USA, in einer Botschaft an die Nation: «Die Zahl der Kinder und Kindeskinder mit Krebs in ihren Knochen, mit Leukämie in ihrem Blut oder mit Gift in ihren Lungen mag manchen Leuten statistisch klein erscheinen im Vergleich zu naturgegebenen Gesundheitsgefährdungen. Aber dies ist keine natürliche Gefährdung und keine statistische Streitfrage. Der Verlust auch nur eines Menschenlebens oder die Verkrüppelung auch nur eines Säuglings – mag er auch erst lange nach unserem Ableben in die Welt kommen – muß uns alle angehen. Unsere Kinder und Kindeskinder sind nicht nur statistische Größen, denen wir gleichgültig gegenüberstehen können.» So sprach er einerseits und förderte andererseits den Ausbau der Plutoniumwirtschaft kräftig weiter.

Die Expertengremien

«Wes Brot ich eß, des Lied ich sing» – ist zwar eine alte Volksweisheit, bezieht man sie auf die Strahlenforscher, so reagieren diese darauf meist wie auf eine bösartige Unterstellung. Warum eigentlich? Es wäre doch völlig unnatürlich anzunehmen, daß ein von Staatsgeldern lebendes Kernforschungszentrum in Karlsruhe in seinen Expertisen die Zukunft der Kernenergie und damit seine eigene Existenz in Frage stellt. Auch die Arbeit der Strahlenschutzgremien wird selbstverständlich vom Staat finanziert. Entsprechende Expertengruppen werden daher zu Teilen des Staatsapparats, auch ohne daß es dazu unbedingt des dienstlichen Zügels der Weisungsberechtigung bedarf. Die wissenschaftliche Pflicht zur Aufklärung und Wahrheitsfindung wird dabei bisweilen hinter politische Ordnungsprinzipien zurückgestellt.

Die ICRP, die Internationale Strahlenschutzkommission

(International Commission on Radiation Protection)

Die ICRP wurde 1950 in London gegründet und mit einschlägig bekannten Persönlichkeiten aus der Strahlenbiologie, der Strahlenphysik und Männern besetzt, die über Erfahrungen im Aufbau kerntechnischer Versuchsanlagen verfügten. 1956 wurde die Internationale Strahlenschutzkommission (ICRP) an die Weltgesundheitsorganisation (WHO) angegliedert mit dem Anspruch, ein übernationales, unabhängiges Gremium von Wissenschaftlern zu schaffen. Die Mitglieder der ICRP werden durch das «ICRP Executive Committee» ausgewählt und ernannt, was einer Selbstrekrutierung entspricht.

Die Aufgabe der ICRP ist es, Empfehlungen für den Strahlenschutz auszuarbeiten, wie zum Beispiel die Werte für die höchstzulässige jährliche Strahlenbelastung festzulegen und dafür auch die Berechnungsgrundlagen zu liefern. Diese Empfehlungen werden dann in der Regel auf jeweils nationaler Ebene in verbindliche Rechtsvorschriften umgesetzt. Sie liegen den Euratom-Grundnormen zugrunde, an welche die deutsche Strahlenschutzverordnung demnächst angepaßt werden soll. Diese Anpassung würde in einigen Fällen höhere Strahlendosen zulassen, als nach der deutschen Strahlenschutzverordnung bislang zulässig sind.

Die SSK, die deutsche Strahlenschutzkommission

Gegründet wurde die SSK 1974 als Nachfolgerin der Fachkommission Strahlenschutz der Atomkommission. Dieser unmittelbare Vorläufer war am 26. 1. 1956 unter dem Vorsitz des damaligen Atomministers Strauß zusammengetreten, der die Gründungsmitglieder persönlich berufen hatte und durch Handschlag verpflichtete, über alle Verhandlungsgegenstände Schweigen zu bewahren [226]. Das Ziel der SSK selbst beschrieb der damalige Innenminister Werner Maihofer anläßlich der konstituierenden Sitzung am 17. 10. 1974:

«Zu den Aufgaben der Kommission gehört die wissenschaftliche Auseinandersetzung mit den Argumenten der Kritiker einer friedlichen Nutzung von Kernenergie. Viele unserer Mitbürger sind über die Gefahren von ionisierenden Strahlen zutiefst beunruhigt. Viele sind verunsichert durch polemische Kampagnen oder doch einfach unsicher aus fehlender oder mangelhafter Information. Wenn wir diese Unsicherheiten nicht abbauen und den Bürger vertraut machen mit den unvermeidbaren Risiken der Kernenergie, werden wir die Chancen der Kernenergie für die friedliche Entwicklung unseres Landes nicht wirklich ausschöpfen können.» [227]

Eine Kommission zum Schutze der Strahlen eher als eine Kommission zum Schutze vor Strahlen?

Ihre Sitzungen sind nicht öffentlich, die Beratungen vertraulich, selbst bei Hinzuziehung externer Sachverständiger sind diese «auf die Wahrung der Vertraulichkeit über den Inhalt der Sitzung zu verpflichten». Wer aus der Rolle fällt, den kann der Minister jederzeit aus besonderen Gründen abberufen. [226]

Nicht abberufen wurde seinerzeit Professor Fliedner, noch vor einigen Jahren Mitglied der SSK, welcher 1960 als Co-Autor von Experimenten auftrat, bei denen Patienten mit Hirntumor versuchsweise 300–700 Millionen Becquerel der radioaktiven Testsubstanz Tritium Thymidin zum Teil wiederholt gespritzt bekamen. [226a] Die Teilnahme an derlei Menschenversuchen war weder moralisch noch politisch ein

Hindernis für die Mitgliedschaft im höchsten deutschen Strahlenschutzgremium.

Fünf derzeitige Mitglieder der SSK haben sich ein Jahr nach der Gründung des Gremiums «der friedlichen Nutzung der Kernenergie» öffentlich verschrieben und einen Brief an die Abgeordneten des deutschen Bundestages gerichtet mit einem Plädoyer für den Ausbau der Atomenergie, deren Nutzen notwendig und verantwortbar sei.[226, 228]

Offenbar zum Schutz des Bürgers vor Verunsicherung behält sich die Regierung auch einen politischen Filter der Sachinformationen dieses Beratergremiums vor: § 3 Abs. 2 der Geschäftsordnung der SSK schreibt vor, daß «ohne Zustimmung des Bundesministers des Innern sie niemandem Empfehlungen oder Auskünfte geben» darf.

Da aber Informationspolitik in dem Maße an Glaubwürdigkeit verliert, wie ihr Beschwichtigungscharakter offensichtlich wird, liegt ein wesentlicher Teil des politischen Werts dieser Strahlenschutzkommission darin, daß der Bürger weiterhin daran glaubt, hier ein Gremium von neutralen, unabhängigen und reputierten Wissenschaftlern vor sich zu haben.

Auch wenn sich diese Wissenschaftler gemäß ihrer offiziellen Aufgabe daran beteiligten, Irritationen vom Atomprogramm fernzuhalten, sehen sie sich selbst anders. Die Kommission ist so zusammengesetzt, daß sie nicht auf Weisung handelt, sondern aus Überzeugung. Als Beispiel und vielleicht pars pro toto möchte ich Professor Rausch, Strahlenbiologie und -schutz, Universitätsklinik Gießen, ehemaliges SSK-Mitglied zitieren, und zwar aus seinem Buch «Strahlenrisiko»[229], welches mir das Innenministerium einmal unaufgefordert zuschickte. Herr Rausch äußert seine Einstellung in mehreren Punkten:

– Strahlenschutz ist eine besonders gut begründete und ebenso eine weit entwickelte Form des Umweltschutzes.

– Strahlenschutz wurde bei Planung, Errichtung und Betrieb von Kernkraftwerken von Anfang an mit eingeschlossen.

– Insofern ist Strahlenschutz bei Kernkraftwerken ein Musterbeispiel an Umweltfürsorge, wenn er ordnungsgemäß durchgeführt und beständig überwacht wird.

– Bezüglich der durch kleinste Strahlendosen bedingten Risiken gibt es Meinungsverschiedenheiten über deren Ausmaß.

– Auch für den Fall, daß hierbei die von der überwiegenden Mehrheit sachverständiger Wissenschaftler abgelehnten Ansichten (einer größeren Strahlengefahr; d. A.) sich bestätigen sollten, ist die Nutzung der Kernenergie zur Stromerzeugung vertretbar.

Dieses Credo eines SSK-Mitgliedes wird aber schlecht begründet:

«– Eine Verminderung der biologischen Risiken durch Stromerzeugung ist langfristig nur durch Eindämmung des Stromverbrauches denkbar.

– Damit gilt für die Stromerzeugung das gleiche wie für andere Umweltrisiken, nämlich, daß ihre Verminderung nur durch Verringerung des Anwachsens von Bevölkerungszahl und Pro-Kopf-Produktion beherrschbar ist.

– Solche Veränderungen machen grundsätzlich Umorientierungen gesellschaftlicher Zielvorstellungen nötig und damit das Aufgeben der Gleichstellung von Lebensqualität und materiellem Wohlstand.»[229]

Hier irrt Herr Rausch und übernimmt unbesehen eine falsche Wertprämisse. Energiesparen, das haben nicht nur die verbesserten Automotoren gezeigt, muß keineswegs mit Qualitätsverlust und sinkendem materiellen Wohlstand einhergehen, schon erst recht nicht mit einer Verringerung der Bevölkerungszahl oder Pro-Kopf-Produktion. Die irrationalen Ängste liegen daher auf seiner Seite. Dies gilt um so mehr, als auch noch die punktuelle Kritik an der Kernkraftsache gedanklich verquickt wird mit «grundsätzlichen Umorientierungen gesellschaftlicher Zielvorstellungen». Von hier aus ist der Schritt nicht allzu weit, Kernkraftgegner mit Staatsfeinden und Umstürzlern zu identifizieren.

Nach Tschernobyl half die SSK der Regierung, dem akademischen Atomestablishment und den Betreibern, die Angst vor der «Antiatomhysterie» einzudämmen. Ihre Empfehlungen waren dadurch gekennzeichnet, daß

● die Bevölkerung immer nur über handhabbare Probleme informiert wurde (zunächst nur über Jod, erste Cäsium-Interventionswerte wurden wieder zurückgenommen, bislang keine Information über das Ultragift Plutonium);

● Vorschläge zum Schutz des Bürgers zu spät gemacht wurden (während die radioaktive Wolke über Skandinavien gemeldet wurde, mangelte es an Vorsorgemaßnahmen bei uns. Statt nun zu empfehlen, Regen zu meiden, Kinder möglichst in den Wohnungen zu halten, Blattgemüse schnell noch zu ernten und die Sandkästen abzudecken, wurde bagatellisiert. Erst einen Tag, nachdem die Kinder schon im nassen Sand gespielt hatten, kamen entsprechende Hinweise);

● die Bevölkerung nicht über Strahlengefahren aufgeklärt, sondern mit Floskeln wie «keine akute Gefährdung» ruhiggestellt wurde (siehe hierzu auch[220, 230, 231]);

● bis heute keine Interventionswerte gesetzt oder Empfehlungen für bestimmte Risikogruppen in der Bevölkerung (Schwangere, Kleinkinder) ausgesprochen wurden, eine Maßnahme, die angesichts der hohen Cäsiumbelastung mancher Lebensmittel wünschenswert gewesen wäre. Ebensowenig findet sich ein Engagement dafür, Lebensmittel mit ihrem Herstellungsdatum zu kennzeichnen und damit dem Verbraucher eine Entscheidungshilfe zu geben. Es unterbleibt auch der Vorschlag, sporadische Stichprobenmessungen von Lebensmitteln durch Strahlenüberprüfung dort zu ergänzen, wo die verschiedenen Nahrungsmittel zusammengemischt und konsumiert werden: in Kindertagesstätten, Kantinen usw.

In halbstaatlichen Gremien wie der SSK ist die Identifikation mit der Beschwichtigungspolitik größer als die Verpflichtung zur Aufklärung. Nicht einmal der Sachverstand der Experten scheint immer zweifelsfrei. So hat Professor Feldt, SSK-Mitglied, sonst Bundesforschungsanstalt für Fischerei, in der ZDF-Sendung «Aus Forschung und Technik» (12.2.1977) gesagt: Plutonium schade nur, wenn es in größeren Mengen aufgenommen werde[232].

Wird nun Wahrheitsfindung in der Wissenschaft als persönliche Entscheidung überhaupt zugelassen?

«In einem elementaren Sinn haben die Physiker die Sünde kennengelernt, und das ist ein Wissen, das sie niemals mehr verlieren können», sagte der leitende Physiker und Vater der Atombombe, Julius Robert Oppenheimer, kurz nach dem Ende des Zweiten Weltkrieges in Los Alamos zu seinen Mitarbeitern. Wie ergeht es jenen Wissenschaftlern, die sich in der täglichen Arbeit ihre Skrupel bewußt halten?

Die Dissidenten

Als sich Robert Oppenheimer nach dem Krieg weigerte, auch noch die Wasserstoffbombe zu bauen, wurde er seiner Funktionen enthoben und vor Gericht gestellt. Ihm wurde Hochverrat vorgeworfen, sein persönliches Leben auf peinliche Weise öffentlich durchforscht. Dabei hatte er nur seine Wertprämisse (die Atombombe helfe, den Krieg schneller und letztlich menschenlebensparend zu beenden) nach Hiroshima revidiert und wollte sich nicht weiter am Bau von Massenvernichtungsmitteln beteiligen.

Von Mancuso, einem Statistiker, der bei den Atomarbeitern in

Hanford erhöhte Krebsraten gefunden hatte, wurde schon erzählt: Ihm wurde mit der Beschlagnahme seines Datenmaterials gedroht, seine Finanzierung gestrichen, seine Karriere-Laufbahn geknickt[215/131].

Auch Professor Gofman, Emeritus der Berkeley University, Mitentdecker von Plutonium und mehrfacher Medizinpreisträger, wurde durch seine über die Berechnungen der Internationalen Strahlenschutzkommission weit hinausreichenden Krebsberechnungen durch Plutoniumfallout innerhalb der «scientific community», der Wissenschaftsgemeinde, schnell zum Außenseiter. Seine engagierte Stellungnahme im Silkwoodprozeß tat ein übriges. Darin hatte er der Atomarbeiterin Karen Silkwood von der Kerr McGhee Corporation bescheinigt, daß sie durch ihre Plutoniumbelastung krebsgefährdet sei.

Auch Professor Ernest Sternglas, Pittsburgh University, der einzige der «Dissidenten», dem bei seinen Untersuchungen (zum Beispiel Leukämieanstieg nach Harrisburg) statistische Unsauberkeiten nachgewiesen werden konnten (als ob die Gegenseite diesbezüglich aus Unschuldslämmern bestünde), wurde regelrecht geächtet.[233] Inzwischen häufen sich jedoch die Hinweise auf eine erhöhte Kindersterblichkeit nach Harrisburg.[233a]

Klaus Traube, abtrünniger Atommanager, wurde bis ins Intimleben hinein mit Wanzen ausspioniert. Die Dissidenten haben es nicht leicht, und nur wenige gehen diesen Weg.

Zuletzt in dieser Reihe möchte ich K. Z. Morgan erwähnen, einen der bekanntesten und wohl auch kompetentesten amerikanischen Strahlenschutzexperten. Dem Arbeits- und Strahlenschutz mehr als dreißig Jahre lang verschrieben, hatte er diese Berufsgruppe von fünf Mitarbeitern der Universität Chicago 1943 anwachsen sehen zu einer weltumspannenden Organisation mit heute mehr als 10000 hauptberuflichen Spezialisten. Er beschreibt, mit welchen Schwierigkeiten derjenige rechnen muß, der dieser Arbeit verantwortungsbewußt nachzukommen versucht. Schwierigkeiten, die vor allem dann auftraten, wenn Projekt- oder Firmenleitung Grenzwerte, die aus medizinischen Gründen niedrig angesetzt waren, unbequem fanden: «Zu Zeiten wurden Kollegen entmutigt oder verloren ihren Job, wenn sie auf äußeren Druck Sicherheitsstandards nicht senken wollten oder sich kompromißlos verhielten bei unsicheren Arbeitsbedingungen. Wir mußten ständig dem Druck widerstehen, wenn Ingenieure und Produktionsleiter uns anhielten, mit unserer – wie sie es nannten – lächerlichen Übervorsichtigkeit aufzuhören. Manchmal waren wir (durch unser Wissen; d. A.) gezwungen, Grenzwerte niedriger anzusetzen, als unser Management es wollte, und zwangsläufig waren diese Werte kaum besser als über den Daumen gepeilt, denn wir hatten auf einigen Gebieten nahezu keine Erfahrung oder stützende Experimentaldaten. Zum Beispiel wurde die Veröffentlichung einer der ersten Arbeiten, die ich 1945 vorlegte, zur Dosisberechnung von in den Körper gelangten Radionukliden mit Werten für höchstzulässigen Körperdosen und erlaubten Konzentrationen für 20 Nuklide um ein Jahr verzögert, weil einige der berechneten Grenzwerte viel niedriger waren als jene in der Atomwaffenproduktion.»[234]

Morgan bewies jedoch offensichtlich diplomatisches Geschick und Anpassungsfähigkeit. 1949 war er auf der Dreiländer-Konferenz in Kanada dabei, wo die ersten halboffiziellen Grenzwerte für einzelne Radionuklide gesetzt wurden. Die Absenkung, mit anschließendem Widerruf und Anhebung der Plutoniumgrenzen, wurde auch von ihm mitgemacht. 1950 wurde er Vorsitzender der Nationalen Strahlenschutzkommission der USA und gleichzeitig Chairman der Internationalen Strahlenschutzkommission ICRP. Er behielt diese Funktionen – ein einzigartiger Beweis des Vertrauens von seiten der Atomkraftbefürworter – 23 Jahre lang bis 1973. Danach, zwei Jahre später und dieser Ämter ledig, wagte er sich mit einem Artikel an die Öffentlichkeit, in dem er eine 200fache Absenkung des Plutoniumgrenzwertes forderte! Die Argumente: Statt des Knochens könnten für Plutonium die Leber oder Lungenlymphknoten ebensogut das kritische Organ sein, auch sei es nun mal nicht konservativ (vorsichtig), die hohe Dosis der kleinen Lungenlymphknoten über die ganze Lunge als Durchschnitt zu ermitteln etc.[234] Bis heute werden diese Argumente ihres früheren Vorsitzenden von den Kommissionen übergangen.

Die Ursache des Expertenstreits

Es war auffallend, wie nach Tschernobyl plötzlich eine große Begriffsverwirrung herrschte, ein Durcheinander von Ratschlägen, Verboten und Gefahrenwerten. Wie war es dazu gekommen?

«Es gab kein Wirrwarr, sondern unterschiedliche Interessen», so Professor Erich Oberhausen, derzeitiger SSK-Vorsitzender in *Die Zeit* vom 16. 5. 1986, und ich glaube, hier hat er recht! Der sogenannte wertfreie Wissenschaftsbetrieb ist durchzogen von einem dichten

Interessengewebe, das in Zeiten der sowjetischen Reaktorkatastrophe in seltener Deutlichkeit sichtbar wurde:

Ein besonderes Eigeninteresse geht von der Atomindustrie aus, deren Betroffenheit in riesigen Anzeigenserien zu «sicherem Atomstrom» sichtbar wurde. Ein zweiter Interessenstrang kam aus der Ecke der Politiker, die Beruhigung und einen geordneten Weitergang der Dinge als erste Bürgerpflicht propagierten. Drittens behindern politisch unangenehme Forschungsergebnisse die Weiterfinanzierung wissenschaftlicher Projekte und damit die Karriere.

Hinzu kommt, daß ein Teil des Expertenwissens Herrschaftswissen darstellt, so jedenfalls würde ich Kenntnisse nennen, die nicht ohne weiteres nachgeprüft werden können (wie Plutoniumdaten) oder von Anfang an geheim gehandelt werden. Mangelndes Wissen, die Komplexität der Zusammenhänge und eine schwache eigene Interessenvertretung erschwert es dann dem Bürger ungemein, sich zu orientieren und erleichtert eher das Entstehen von Ängsten und Zorn.

Strahlenschutz und Radioaktivität gehören nun mal nicht zum Alltagswissen. Als Betroffener wünscht man sich Aufklärung statt Beschwichtigung. Als Krisenmanager, und dazu gehören die Experten der SSK wie die Politiker, tendiert man jedoch eher zum Umgekehrten: Beschwichtigung statt Aufklärung. Überhaupt gibt es unter den Experten immer mehr «berufsmäßige Problemlöser» (Hannah Arendt) – Männer, die sich die Regierung von den Universitäten, den verschiedenen «Denkfabriken» holt, damit sie sich mit systematischen Analysen daranmachen, politisch entstandene Probleme zu lösen. Die «Problemlöser» hat man als Männer mit großem Selbstvertrauen charakterisiert, die anscheinend nur selten an ihrer Kompetenz zweifeln. Sie glauben an Methoden, nicht an Weltanschauungen und verdrängen dabei, daß sie mit einer Lösung im Sinne ihrer Auftraggeber Lobby- und Interessenpolitik vertreten.[222]

Im Extremfall resultieren hier Korruption oder der «Verrat der Intellektuellen» an ihrer gesellschaftlichen Aufgabe.

Sachkenntnis, gepaart mit Verantwortungsethik, einem Suchen nach Wahrheit und einem Streben nach Aufklärung, worauf sich eine zentrale gesellschaftliche Position der Experten gründen könnte, bleibt eher ein Wunsch – ihre erhebliche Einflußnahme ist daher schlecht legitimiert. Bei kaum einer Wissenschaftlergruppe aber haben gesellschaftliche Größenphantasien das Selbstverständnis derart geprägt wie bei den Atomwissenschaftlern.

Die faszinierende Illusion, die Lösung aller menschlichen Energieprobleme in der Hand zu halten, ja sogar den Schlüssel gesellschaftlicher Konfliktlösung zu besitzen und mit der Atombombe den ewigen Weltfrieden zu garantieren – so stand es 1946 in vielen Zeitungen –, hindert diese Experten, aus den Träumen eines «deus ex machina», zu erwachen und umzudenken.

Die Konsequenzen sind mühsam, aber moralisch geboten und vernünftig: Die Strahlenschutzgremien müssen genötigt werden, ihrer Aufklärungspflicht nachzukommen, was auch eine andere Zusammensetzung erforderlich machen würde. Verdeckte Eigeninteressen gilt es aufzuzeigen. Das setzt aber eine konstruktive Eigenleistung voraus: Man muß sich mühevoll sachkundig machen. Dann kann man besser die wissenschaftlichen Gremien in ihrer politischen Funktion beurteilen, kann besser Informationen einfordern und Rechte reklamieren. Letzteres hat auch einen Einfluß auf den Markt. Das Aufdecken von Täuschungen in Genehmigungsverfahren, die Forderung zusätzlicher Sicherheitsvorkehrungen etc. verteuert das Geschäft.

Auch den wissenschaftlichen Expertenmythos zu decouvrieren, die Decke zu lüften, bleibt eine Aufgabe, denn wie auch anderswo fruchten bei Wissenschaftlern Appelle an Ehrlichkeit und soziale Verantwortung wenig. «Es gibt genug Radiochemiker, Kernphysiker und Biologen, sicher auch genug Geigerzähler und andere Meßinstrumente, um die Gefahr rational einzuschätzen. Wir müssen nur Möglichkeiten finden, so verantwortlich mit diesen Experten und ihren Geräten umzugehen, daß wir ihnen wieder trauen können.» So schreibt Wolfgang Schmidbauer, ein Psychotherapeut[230], und will damit deutlich machen, daß sich dieses Vertrauensverhältnis um so eher realisieren läßt, wie wir selbst zu direkteren, eigenen Auftraggebern dieser Wissenschaftler werden.

Sei es, daß der B.U.N.D. eine eigene Strahlenkommission gründet (in die SSK werden Andersdenkende mit Hinweis auf den «speziellen» Kommissionscharakter nicht aufgenommen[226]), sei es, daß Zeitschriften wie *Öko-Test* selbst Labors beauftragen, daß sich kooperative Kontakte zu einzelnen Universitäten herstellen lassen oder – ein ebenfalls junges Phänomen – daß kompetente Leute ihre Uni/Industrie- und Staatskarriere aufs Spiel setzen und kleine unabhängige, wissenschaftliche Institute, wie in Heidelberg, Hannover, Bremen, Köln, gründen, die an Kompetenz und Einfluß gewinnen, weil anhand steigender offizieller Glaubwürdigkeitsprobleme für Gegenwissen ein Bedarf, ein Markt entsteht. Hier liegt eine Chance.

Radioaktivität
als Gesundheitsproblem heute

Inzwischen gibt es Studien mit genauen Karten der Plutoniumkonzentration in der Nordsee[165], man hat Plutonium in den Lungen österreichischer Bergbauern[166], in den Leichen finnischer Lappen[167] und Münchner Bürger[168], auf Brokkoli und Kohl in der Nähe von Wiederaufbereitungsanlagen[169] und im Honig[170] gefunden – die Reihe läßt sich beliebig fortsetzen und auf Strontium und Cäsium ausdehnen.

All die gefundenen Beträge sind klein, sie sind deswegen aber nicht belanglos. Da selbst in geringsten Mengen radioaktive Strahlung nicht unschädlich ist, steigt mit ihrer allgemeinen Zunahme auch ihr Gefahrenpotential und wird zu einem Umweltproblem in einer Dimension, die Tschernobyl vielleicht erstmals bewußt gemacht hat. Es ist dies kein unausweichliches, sondern ein hausgemachtes, zivilisationsbedingtes Problem, dessen weitere wissenschaftspolitische Fortschreibung nach dem Motto: «Vom Gleichen noch mehr» wir dringend stoppen müssen.

Die folgenden Beispiele sollen zeigen, wie Radioaktivität aus Forschung, Militärnutzung und Spezialindustrie immer mehr in unsere alltägliche Lebenswelt eindringt.

Sämtliche Radioaktivität nach Tschernobyl wurde mit Normalwerten verglichen, die keine mehr waren. Hunderte von Atomexplosionen, die bis 1962 oberirdisch gezündet wurden, hatten vor allem die Nordhalbkugel mit einem Inventar an radioaktiven Spaltprodukten angereichert, dessen Plutonium nach Professor Gofman insgesamt 950 000 Lungenkrebstodesopfer kosten soll[152].

Der Südhalbkugel, Schauplatz relativ weniger Atomtests, wurde im Jahre 1963 durch den Absturz eines US-amerikanischen Militärsatelliten SNAP-9A Plutonium 238 in einer Menge von 11×10^{15} Becquerel (eine 11 mit 15 Nullen) beschert. Der Atomreaktor des Satelliten verglühte in der Atmosphäre und verstreute mehr Plutonium, als in Tschernobyl freigesetzt wurde, mehr auch, als bei allen vorausgegangenen Atomtests zusammen[153].

Ein sowjetischer Satellit, Kosmos 954, fiel im Januar 1978 in die kanadische Tundra und kontaminierte eine weite Gegend mit 100 Pfund Uran 235, etwa der fünffachen Menge der Hiroshima-Bombe. Zur Zeit fliegen etwa eine halbe Tonne angereichertes Uran und Kilogrammengen von Plutonium weiter über unseren Köpfen: 1980 hatten die Russen elf fliegende Reaktoren im Orbit, die Amerikaner neun[154]. Mit dem SDI-Programm sollen es noch viel mehr werden: Es ist geplant, ab 1993 zahlreiche Kompakt-Kleinreaktoren vom Typ SP-100 in den Raum zu schießen, später ergänzt durch die zur Erzeugung von hochenergetischen Strahlen notwendigen Multimegawattreaktoren (MMW). Sie müssen eine mehr als tausendmal höhere Leistung aufweisen als das bisher größte von den Amerikanern in eine Umlaufbahn geschickte nukleare Aggregat, der SNAP-10 A. Dieses Gerät versagte schon 43 Tage nach dem Start (1965), ein Mißerfolg, der die Verantwortlichen seinerzeit veranlaßte, diese Entwicklungslinie aufzugeben[155].

«Wäre Challenger nicht am 28. Januar 1986 verunglückt, hätte er auf seinem nächsten, für den Mai geplanten Flug zwei für den ‹Galileo› bestimmte Generatoren vom Typ RTG mitgenommen, die fast 21 kg Plutonium 238 enthalten. Hätte sich nun diese Nutzlast – wie ursprünglich beabsichtigt – bereits beim vorhergehenden katastrophalen Flug an Bord des Space Shuttle befunden, wären die Folgen für die gesamte Erdbevölkerung verhängnisvoll gewesen.»[155]

Üblicherweise enthalten atomgetriebene Satelliten $3{,}7 \times 10^{15}$ Becquerel an spaltbarem Material und fliegen mit 250 km Abstand in relativ niedrigen Erdumlaufbahnen. Nach Gebrauch werden sie in größere Höhen geschossen, wo man erwartet, daß sie die nächsten 10000 Jahre bleiben sollen, bis ihr radioaktives Material weitgehend zerfallen ist. Hierbei werden jedoch zwei unfallträchtige Unternehmungen fortgeschrittener Industrieentwicklung miteinander kombiniert: Raketen und Reaktoren. Mißlingt bisweilen eine solche Bahnkorrektur oder schon der Start, so können sich durch verglühende Satelliten Kilogrammbeträge von Plutonium staubförmig-fein in der Atmosphäre verteilen, obwohl doch eingeatmet bereits millionstel Gramm lebensgefährlich sind. Mit dem SDI-Projekt steigt diese Gefahr sprunghaft.

Moderne Formen von Fallout-Ventings

Seit der Existenz des oberirdischen Teststopabkommens sollte man nicht glauben, daß die Gefahr von Fallout gebannt sei. Einerseits halten sich nicht alle Nationen an das Abkommen (Frankreich/China), andererseits setzen auch die mit unverminderter Heftigkeit fortgeführten unterirdischen Atomexplosionen (bis dato mehr als 800!) weitere Radioaktivität frei.

Im Mururoa-Atoll, dem beliebtesten französischen Testgelände (die Insulaner haben keine wehrhafte Lobby), tat sich unter Wasser ein langer, zwei Fuß breiter Graben auf, aus dem erhebliche Mengen an Radioaktivität entwichen.[154] Oberirdisch nennt man solche Vorgänge «ventings»: Gemeint sind Risse, Schächte und andere undichte Stellen in der Erdkruste oberhalb von unterirdischen Kernexplosionen, durch die dann Radioaktivität in die Atmosphäre entweicht. Mindestens 40 solcher Lecks sind seit 1963 allein von den USA verursacht worden, doppelt so viele wie vorher zugegeben worden waren[154].

Nebenbei zitiert eine australische Zeitung einen US-amerikanischen Verteidigungsbericht mit der Aussage: Nahezu die Gesamtmenge (99 Prozent) der giftigsten radioaktiven Abfälle werden vom Militär produziert und nicht sicher genug gelagert. Die von der Regierung den zivilen Kernkraftbetreibern auferlegten Sicherheitsstandards brauchen hier nicht eingehalten werden.[154 S. 55]

Der billigste «Entsorgungspark»: das Meer

Radioaktive Abfälle in internationalen Gewässern zu versenken, ist eine alte, von fast allen Industrieländern zumindest zeitweilig genutzte Gelegenheit, sich von Atommüll zu befreien. Die Methode ist sparsam, ruft kaum politische Widerstände hervor, und man ist aller weiteren Verantwortung ledig. Einer Pressemeldung zufolge haben die Vereinigten Staaten bis 1980 47 000 Fässer radioaktiven Abfalls im Pazifik «entsorgt», wovon etwa 25 Prozent bereits geplatzt waren und die Umgebung verseucht hätten. Der bekannte französische Ozeanologe Jacques Cousteau beschreibt solche Abfallfässer als «gähnend offen, wie leere Austern»[154].

Zivile Transportunfälle

In den USA gab es 1978 pro Woche 1,9 Transportunfälle mit radioaktivem Stückgut.[154a] Genaue Zahlen für die Bundesrepublik liegen nicht vor, entsprechende Beispiele werden jedoch auch manchmal bekannt. «Ein weiterer Unfall ereignete sich auf der Bahnstrecke Köln – Mönchengladbach. Dabei fiel ein Transportbehälter mit 190 Milliarden Bq Iridium 192, der als Typ B-U-Versandstück zugelassen war, aus dem Gepäckwagen des Zuges und wurde von einem entgegenkommenden Zug überfahren und 300 Meter weit mitgeschleift. Dabei wurde der äußere Behälter zerstört und die innere Umschließung, die aus einem Bleibehälter bestand, herausgeschleudert. Sie war nicht zerstört, und der Strahler konnte so, ohne daß jemand eine unzulässig hohe Strahlendosis erhalten hätte, sichergestellt werden.»[154b]

«In einem anderen Fall wurde 1980 ein Fahrzeug mit Medikamenten, das auch ein Versandstück mit 70 Millionen Bq Jod 131 geladen hatte, auf der Autobahn zwischen Köln und Leverkusen in einen Unfall verwickelt. Dabei wurde das radioaktive Versandstück auf die Fahrbahn geschleudert und vom Gegenverkehr überrollt. Die in einer Bleiabschirmung befindliche Ampulle mit der Jod 131-Lösung wurde plattgefahren, Jod 131-Lösung trat aus, aber die Kontamination blieb auf einen relativ kleinen Bereich beschränkt, der sich ohne irgendeine merkliche Strahlenbelastung für die beteiligten Personen dekontaminieren ließ. Bei allen hier beispielhaft geschilderten Unfällen haben sich die IAEA-Beförderungsvorschriften bewährt.»[154b]

Verlorene Atombomben und -schiffe

Die Welt verfügt über mehr Atombomben, als Buchstaben in diesem Buch zu finden sind. Selbst wenn Sie jede Hauptstadt der Welt auf ihrem Atlas durchkreuzt haben und anschließend jede Stadt mit über 100 000 Einwohnern, bleiben noch mehr Zielobjekte übrig, als Sie sich ausdenken können.[156] Daraus ersehen Sie, wie notwendig es wäre, einen ernsten Abrüstungsschritt zu unternehmen und ein Zeichen zu setzen: Jede Seite könnte 90 Prozent ihres Atomarsenals verschrotten – was übrigbleibt, reicht nicht nur zur Abschreckung weiterhin aus, sondern zur völligen Vernichtung jedes Gegners (die eigene Bevölkerung nach wie vor eingeschlossen!).

Bei solchen Mengen verwundert es nicht, daß häufig mit diesen Atombomben, die ja in Manövern und bei Übungsflügen hin- und hertransportiert werden, etwas passiert. Man fragt sich eher, warum so wenig darüber berichtet wird.

Nach den mir bekannten Quellen[154] haben die Amerikaner mindestens schon acht Atombomben verloren, siebzehn weitere sowie eine Wasserstoffbombe waren in Flugzeugabstürze, Brände und Explosionen verwickelt, ohne daß sich bis jetzt eine atomare Kettenreaktion ereignet hätte. Meist detonierte jedoch der konventionelle Sprengsatz der Atombomben – glücklicherweise bis jetzt immer dergestalt, daß der Explosionsdruck das spaltbare Material nicht zur überkritischen Masse zusammenballte, sondern eher auseinanderriß und in die nähere und weitere Umgebung verstreute. «Die Radioaktivität», heißt es in einer solchen Beschreibung lapidar, «reichte nicht über den Kraterrand.»[154]

Andere Beispiele lesen sich so:

«21. Januar 1968 – Grönland: Eine B-52 vom Luftwaffenstützpunkt Plattsburg, New York, zerschellte etwa sieben Meilen südwestlich der Landebahn des grönländischen Stützpunktes Thule und brannte aus. An Bord des Bombers waren vier nukleare Waffen, die alle durch das Feuer zerstört wurden. Während einer viermonatigen Aufräumaktion wurden einige 237 000 Kubikfuß verseuchtes Eis, Schnee und

Wasser entfernt und zusammen mit den Wrackteilen zu einem bestimmten Lagerplatz in den USA gebracht. Eine Billion Becquerel Plutonium gelangte dennoch in die Meeressedimente.»[154c]

10. März 1956 – Mittelmeer: Eine B-47 mit zwei nuklearen Sprengköpfen an Bord startete von der Mac Dill Air Force Base zu einem Überseeflug und verschwand in den Wolken. Eine intensive Suche nach Spuren des verlorenen Flugzeuges oder der Crew verlief ergebnislos.

24. Januar 1961 – North Carolina, USA: Während eines Luftalarms zerschellte eine B-52 und ließ zwei Atomwaffen nahe Goldsboro in North Carolina fallen. Der uranhaltige Teil einer Waffe konnte nicht gefunden werden, obwohl der Boden (sumpfiges Farmland) bis zu einer Tiefe von 50 Fuß abgetragen worden war. Folglich zäunte die Luftwaffe das Gebiet ein und verbot, dort zu graben. Es gibt keine meßbare Strahlung oder Gefahren in diesem Gebiet.

Diese kurze Zusammenfassung des Verteidigungsministeriums läßt unerwähnt, daß fünf von sechs Sicherheitsschaltern der Bombe versagt hatten. Nur ein einziger Schalter – so Dr. Ralph Lapp, Chef der Nuklearphysik an der Marineforschungsanstalt – verhinderte, daß die 24-Megatonnen-Bombe explodierte.

Weitere Meldungen beziehen sich auf den Verlust von atomgetriebenen U-Booten, die mit Mann und Maus sanken und deren Reaktoren und mitgeführte Atomwaffen auf dem Meeresgrund vor sich hinrosten. So zum Beispiel im April 1963, als ein Atom-U-Boot bei einem Tieftauchversuch mit 112 Marinesoldaten und 17 Zivilisten an Bord verschwand. Niemand weiß, was geschehen ist.

Mai 1968 – Atlantischer Ozean: Die Einzelheiten dieses Vorfalls bleiben geheim. Das Center für Verteidigungsinformation gibt lediglich an, daß es sich wahrscheinlich um das Atom-U-Boot USS Scorpion handelt. Am 21. Mai 1968 hörte man ein letztes Mal von der Scorpion. Sie sank 400 bis 450 Meilen südwestlich der Azoren. Der anfängliche Verdacht, daß hieran die Sowjets mitbeteiligt gewesen sein könnten, zerstreute sich, als das Forschungsschiff Mizar das Wrack fotografierte, welches in 10000 Fuß Tiefe auf dem Meeresgrund lag. 99 Männer gingen verloren. Die Atomwaffen an Bord dürften entweder SUBROC oder ASTOR oder beide gewesen sein.

Dem kann eigentlich nur noch die Meldung hinzugefügt werden, daß Dr. Carl Walski einen parlamentarischen Untersuchungsausschuß Mitte 1974 davon informierte, daß während der vergangenen beiden Jahre 3700 Amerikaner, die Zugang zu Atomwaffen hatten, von ihren Posten entfernt werden mußten wegen Alkoholismus, Drogenmißbrauch und Geisteskrankheit.

All diese Fälle sind in einem Untersuchungsbericht von Senator Ruth Coleman 1984 beschrieben[154]. Entsprechende Berichte zum Verlust sowjetischer Atom-U-Boote gingen erst kürzlich durch die Presse.[154d]

Der algerische Strahlenunfall

Am Anfang dieses Kapitels wurde angedeutet, daß die in unserer Umwelt langsam aber sicher zunehmende Menge an Radioaktivität nicht nur ein quantitatives Problem darstellt. Ihre Wirkungen treten nicht nur langsam schleichend auf, sondern werden in zunehmendem Maß auch direkt spürbar und stellen für die Betroffenen schwerste Tragödien dar.

Die folgende Begebenheit aus Algerien zitiere ich nur deshalb, weil – fern unserer eigenen Haustür – die Beschreibung des Problems realistisch und plastisch erfolgte. Denn auch bei uns, in der Bundesrepublik Deutschland, ebenso wie in den USA, Spanien, China etc. sind ähnliche Unfälle mit Todesfolge bekannt[171,172].

Die Beschreibung des häuslichen Unglücks begann mit dem lapidaren Satz: «Am 5. Mai 1978 fiel auf der Straße nach Algier nach Setif eine Strahlenquelle von 925 Milliarden Bq Iridium 192 von einem Lastwagen.»[173] So ein Strahler sieht aus wie ein silberner Kugelschreiber und dient in der Industrie dazu, Schweißnähte zu röntgen.

Zwei kleine Kinder, drei und sieben Jahre alt, fanden ein metallisch glänzendes Objekt und spielten damit ein paar Stunden herum. Später, zu Hause angekommen, nahm ihre Großmutter ihnen das Ding weg, betrachtete es ratlos, und dann – weil arme Leute nicht alles wegwerfen – steckte sie diesen silbrigen Stift in ihren Wollkorb in der Küche. Dort blieb er fünf oder sechs Wochen und beschoß mit harter Gammastrahlung jeden, der sich dort aufhielt. Die Großmutter mußte ihr Verhalten mit dem Leben bezahlen. Vier junge Frauen, die oft in der Küche arbeiteten, 14 bis 20 Jahre alt, bekamen täglich über längere Zeit hohe Strahlendosen.

Die algerischen Autoritäten hatten natürlich sofort den Verlust der Strahlenquelle bemerkt, zogen es aber vor, nicht die ganze Bevölkerung entlang der Straße in Panik zu versetzen. Statt dessen informierten sie vor allem die Ärzte der Umgebung, sie sollten Patienten melden, die mit Verbrennungen kämen, ohne zu wissen, wo sie sich diese zugezogen hatten!

38 Tage später fand man so die beiden Kinder und daraufhin die ganze bestrahlte Familie. Die beiden Jungen waren übel zugerichtet! Sie hatten ja den hautnahsten Kontakt mit der Strahlenquelle gehabt, sie ohne Bleischutz direkt in der Hand gehalten – der Kleinere von beiden hatte sie sogar mal in den Mund gesteckt, der Größere hatte sie später in seiner Schultasche verstaut, auf die er sich zu setzen pflegte.

Die Folge waren großflächige tiefe Verbrennungen der Hände, ein Loch in Lippe und Oberkiefer und ein total verbranntes Gesäß. Da solche Strahlengeschwüre äußerst schlecht heilen, mußten die Löcher mit Transplantaten gedeckt werden. Dies besorgten einige hinzugezogene französische Spezialisten und konnten so eine Amputation der Hand vermeiden.

Nach dreimonatiger Behandlung konnten die Kinder entlassen werden – etwas lädiert und entstellt hatten sie den Unfall überlebt. Ob Späteffekte auftreten werden, bleibt abzuwarten. Auch geht aus der Veröffentlichung nicht hervor, ob sich der Junge mit seinen rückwärtigen Verbrennungen nicht auch gleich strahlenkastriert hat!

Schlimmer erging es den vier jungen Frauen. Infolge der wiederholten täglichen Bestrahlung hatten sie ein akutes Strahlensyndrom entwickelt, mit Übelkeit, blutigem Erbrechen, blutigen Durchfällen, punktförmigen Hautblutungen und schlechtem Allgemeinzustand. Bei Ankunft im Krankenhaus Algier waren alle Blutwerte bereits unterhalb einer kritischen, lebensgefährlichen Grenze. Und dann stellte sich auch noch heraus, daß eine von ihnen schon seit acht Wochen schwanger war. In der Hauptstadt Algier war man auf so etwas nicht eingestellt, und so transportierte man die Opfer nach ein paar Bluttransfusionen weiter in das weltbekannte Curie Foundation Hospital nach Paris. Dies ist eines der wenigen Zentren in Europa überhaupt, wo man auf akute Strahlenunfälle eingerichtet ist. Hier hatte man seinerzeit auch die sechs im AKW Vinca (Jugoslawien 1958[171]) bestrahlten Arbeiter versorgt, von den einer akut verstarb, auch ein Strahlentechniker aus Brescia (Italien 1975[171]) erlag hier seinen Verletzungen, während der Physiker aus Mol (Belgien 1965[171]) dort seinen Strahlenunfall überlebte.

Mit der Ankunft der vier Algerierinnen stellte sich den dortigen Medizinern folgende dringende Fragen:

1. Wie hoch ist die Strahlendosis, wie die Dosisverteilung?

2. Welcher Zellschaden ist daraus entstanden?

(Abschätzung anhand von Chromosomenanalyse und Blutwerten)

*Die Bücher kosten nur noch
ein Fünftel ihres früheren Preises...*

...schrieb der Bischof von Aleria 1467 an Papst Paul II. Das war Gutenberg zu verdanken.

Heute, 500 Jahre später, kosten Taschenbücher nur etwa ein Fünftel bis ein Zehntel des Preises, der für gebundene Ausgaben zu zahlen ist. Das ist der Rotationsmaschine zu verdanken und zu einem Teil auch – der Werbung: Der Werbung für das Taschenbuch und der Werbung im Taschenbuch, wie zum Beispiel dieser Anzeige, die Ihre Aufmerksamkeit auf eine vorteilhafte Sparform lenken möchte.

3. Wie kann die absolut sterile Unterbringung sichergestellt werden?

4. Welche therapeutischen Vorgehensweisen sollen überhaupt eingeschlagen werden?

Gerade die letzte Frage zeigt deutlich, wie unsicher und machtlos selbst die höchsttechnisierte Medizin dem akuten Strahlensyndrom gegenübersteht.

Schon bei der Dosisabschätzung fingen die Schwierigkeiten an: Offenbar wollte man wissen, ob sich eine Therapie überhaupt lohnt, ob besondere, noch verdeckte Strahlenschäden zu befürchten sind. Aber zuerst einmal versagte die sonst übliche Meßmethode der Chromosomenschadensanalyse. Sie kam zu viel zu harmlosen Aussagen, und ihre Ergebnisse wurden von den tatsächlich vorliegenden klinischen Symptomen weit überboten! Daraufhin versuchte man eine Dosisberechnung über eine provisorische Rekonstruktion der Strahlengeometrie innerhalb des algerischen Wohnhauses. Die ungefähren Schätzungen, die nun zustande kamen, bewegten sich für die vier Frauen zwischen 2300 und 2800 rad Hautdosis und 1000 bis 1400 rad Rückenmarksdosis. Diese Werte hatten nur deshalb nicht sofort tödlich gewirkt, weil sie sich verteilt auf 38 Tage sukzessive aufaddiert hatten.

Die klinischen Konsequenzen dieser Dosis kann ich im folgenden nur ebenso trocken wie der Report wiedergeben, weil mir sonst die Worte fehlen: Haarverlust, Blutungen aus allen Körperöffnungen (Nase, Mund und Zahnfleisch etc.), Bluthusten, Blut im Urin, im Stuhl und aus dem Uterus. Die Blutgerinnung war von 300 000 Blutplättchen bis auf 7000 gefallen, die Leukozyten (weiße Blutkörperchen) lagen zwischen 0 und 150 pro Mikroliter, folglich war die körpereigene Abwehr total zusammengebrochen. Unter normalen Bedingungen wäre jeder Mensch unter solchen Umständen schon an irgendeiner banalen Infektion oder an seinen eigenen Darmbakterien zugrunde gegangen, hier aber wurde unter absoluter Keimfreiheit alles aufgeboten, was die moderne Medizin zu Hilfe nehmen kann:

Innerhalb der nächsten acht Wochen bekamen die einzelnen Frauen bis zu 26 Bluttransfusionen, 24 Thrombozytenkonzentrate, 22 Leukozytenkonzentrate, zum Teil von jeder der drei Blutlinien mehrere Beutel täglich. Nur so wenige blutbildende Zellen hatten vereinzelt die vernichtende Bestrahlung überlebt, daß die Knochenmarkspunktate einige Zeit «Null-Zellularität» anzeigten. Immerhin erfolgte nach einer gewissen Zeit eine allmähliche, aber unvollständig bleibende relative Erholung der Zellproduktion. Hätte man nirgendwo anders diesen Ausfall überlebt, so konnte man im Curie Hospital doch nicht verbluten: Mehrere Blutbanken wurden zusammengeschlossen und waren so in der Lage, die benötigten Konzentratmengen zu liefern. Der kleine Fötus war derweil gestorben, aber die Ärzte konnten hormonell die Ausstoßung der toten Frucht noch fast einen Monat hinauszögern und so einen größeren Blutverlust der Mutter vermeiden.

Sieben Wochen lagen die Patientinnen in sterilen Zelten, bekamen sterile Luft, wurden täglich kontrolliert. Aber sie hatten in ihrem Körperinneren Bakterien und Mikroben mitgebracht, denen ihre nicht vorhandenen Abwehrkräfte nichts mehr entgegensetzen konnten. So machten sie zusätzlich zu den Blutungen, künstlicher Ernährung und Transfusionen von bis zu 220 Litern verschiedener Sera auch noch lokale Infektionen und Blutvergiftungen durch. Eine dieser Infektionen befiel bei einer Frau geschwürig die Mundschleimhaut und fraß ein Gefäß an, wodurch sie einen dreiviertel Liter Blut auf einmal verlor.

Aus all diesen Gründen war man auch mit Antibiotika nicht sparsam. Man gebrauchte sie pfundweise. In den acht Wochen erhielt eine Patientin zum Beispiel 150 Gramm Flucytocin, 408 Gramm am Amphotericin B und 297 Gramm Cephalotin! Jeder, der diese Substanzen kennt, kann sich vorstellen, was das für eine Roßkur ist. Alle vier Frauen haben überlebt, wenngleich der Report mit dem lakonischen Satz schließt: «Die Langzeitprognose bleibt unsicher, sowohl für stochastische wie nichtstochastische Effekte.» [173]

Kriminalität

Die Versuchung, radioaktives Material entweder zu erpresserischen Zwecken zu nutzen, es zu stehlen oder damit Anschläge zu verüben, ist groß. Auch hierzu einige Kurzbeispiele:

23. November 1972 – USA: Eine entführte DC-9 kreiste zwei Stunden lang über der nuklearen Anlage von Oak Ridge (wichtiges Laboratorium und Atomwaffenfabrik). Die Entführer verlangten 10 Millionen Dollar. Die Anlage von Oak Ridge wurde geschlossen, das meiste Personal evakuiert. Die Bedingungen der Flugzeugentführer wurden akzeptiert, und sie flogen nach Kuba.

11. Mai 1979 – La Hague, Frankreich: Ein Mann versuchte, seinen Vorgesetzten durch radioaktive Metallplatten, die er unter dem Autositz des Opfers deponierte, zu töten. Die abgegebene Strahlung war

hoch genug, um 10 rem pro Stunde zu verabreichen. Zum Vergleich: 5 rem pro Jahr bzw. 25 rem im gesamten Leben sind die zulässigen Höchstdosen im beruflichen Umgang.

8. August – Australien: Von der Mary Kathleen Uran Mine stahl ein Arbeiter innerhalb von 16 Monaten insgesamt 2200 kg Uranoxid im Wert von 145 200 Dollar[154]. Die Meldung enthält keinen Hinweis darauf, an wen dieses Uran verkauft wurde.

Auch das Bundeskriminalamt vermerkt: «Am 12. November 1958 wurde im Werksgebäude der Hütte Phönix-Rheinruhr im Blasstrahlwerk ein radioaktives Präparat ‹Iridium 192› mit einer Aktivität von etwa 2500 mCi (umgerechnet 9,2 Milliarden Becquerel) entwendet. Das Gerät sendet Gamma-Strahlen aus und wird dazu verwendet, Schweißnähte zu röntgen.»[160]

Betriebsunfälle

Ob in Uranminen, gewöhnlichen Atomkraftwerken oder Wiederaufbereitungsanlagen – überall gilt: Je mehr Betriebsstunden, um so mehr Vorkommnisse:

30. Juli 1979 – New Mexico: Unfall in einer Uran verarbeitenden Fabrik, die ihre flüssigen radioaktiven Minenabfälle in ein großes Staubecken leitete. Ein Dammbruch führte zu einer radioaktiven Flutwelle, die etwa 130 km den sonst fast ausgetrockneten Rio Puerco entlang einem Navaho-Reservat hinunterrauschte. Laut *New York Times* liefen 100 Millionen Gallonen Wasser aus, verseucht mit 1100 Tonnen Uranabfällen. Dies war bis dato der größte derartige Vorfall in den USA.

11. Mai 1979 – Rocky Flats, Colorado, USA: Bei einem Großbrand verbrannten 20 Kilogramm Plutonium, Schaden: 45 Millionen Dollar. Überhaupt gab es in Rocky Flats, einer der größten Atombombenfabriken in den Vereinigten Staaten, bis 1975 mindestens 271 Brände und 410 Kontaminationsvorfälle.

1975 – Browns Ferry, Alabama: Unberechenbares menschliches Verhalten führte zu einem der größten Schadensfälle in der Industriegeschichte. Ein Techniker in einem Reaktornebengebäude fühlte sich durch Luftzug gestört. Er zündete eine Kerze an, um anhand der abgebogenen Flamme das Luftloch zu lokalisieren. Der Zug kam aus einem Kabelschacht, dessen Isoliermaterial sich beim Ausleuchten mit der Kerze plötzlich entflammte. Es entstand ein Kabelbrand, der sich durch die Schächte ausbreitete und lebenswichtige Reaktorteile funktionsuntüchtig machte. So fiel das Notkühlsystem aus, das Reaktorhauptkühlsystem und alle wichtigen Not- und Regulationseinheiten. Nur Glück verhinderte die Kernschmelze des 1100-Megawatt-Reaktors. Kosten: Mindestens 150 Millionen Dollar.[154, 157, 158, 159]

Nicht alle diese Unfälle spielen sich so weit entfernt ab. Anfang der siebziger Jahre ereignete sich ein anderer Zwischenfall im Kernforschungszentrum Karlsruhe: In einem Raum mit Handschuhboxen wurden auch radioaktive Abwässer aufbereitet. In einer dieser Boxen befanden sich davon 180 Liter mit einem radioaktiven Gehalt von 3,7 Millionen Becquerel Plutonium 239, 90 Milliarden Bq Americium 241 und 387 g Uran. Solche Abwässer werden normalerweise in Beton gegossen und beseitigt (endgelagert). Es sollte aber anders kommen: Da ein Zulaufventil übers Wochenende nicht geschlossen worden war, stieg das radioaktive Wassergemisch in der Box bis zu den Handschuhen und höher, bis einer der Handschuhe riß und sich alles auf den Boden ergoß, in die Nachbarräume und weiter floß. Am Ende stand das Wasser über 800 m^2 verteilt bis zu 5 mm hoch und lief dann durch ein Tor in einem kleinen Rinnsal ins Freie und in die Regenwasserkanalisation. Erst am Sonntagmorgen wurde der Schaden bemerkt. Sofort wurden Gegenmaßnahmen eingeleitet. Die Regenwasserkanalisation wurde gespült und das kontaminierte Wasser der Sickergruben in einen Tankwagen gepumpt. Nachdrückendes Grundwasser füllte die Sickergruben wieder, so daß der Vorgang so lange wiederholt werden konnte, bis das Wasser wieder «Trinkwasserqualität» hatte. Da die auf dem Asphalt vor dem Tor befindliche Radioaktivität nicht abgespült werden konnte, wurde sie mit Farbe fixiert. Anschließend wurde der Asphalt mit Preßlufthämmern abgetragen und zusammen mit dem kontaminierten Erdboden in 200-Liter-Fässer einbetoniert.[161]

Die größte Verschmutzung verursachen allerdings Wiederaufbereitungsanlagen. Ihr Ausstoß an radioaktiven Substanzen stellt schon im Normalbetrieb jedes konventionelle Atomkraftwerk weit in den Schatten. Aber auch Unfälle oder Störfälle sind, wie die Erfahrungen von La Hague (Frankreich) und Windscale (England) zeigen, von einer anderen Dimension:

April 1981 – Großbritannien: Schwere Kritik an den Sicherheitsvorkehrungen der Wiederaufbereitungsanlage in Windscale/Cumbria, wo sämtlicher Abbrand englischer AKWs verarbeitet wird, hatte die Einsetzung einer Untersuchungskommission zur Folge. Sie gab dem Management 15 wichtige und etliche kleinere Empfehlungen und beschrieb einige der größeren Vorkommnisse: So hatte allein ein Silo in den letzten Jahren mehr als 100000 Ci bzw. $3,7 \times 10^{15}$ Bq an Aktivität entweichen lassen. Dem für diesen Unfall verantwortlichen Management habe es laut dem Untersuchungsbericht an Urteilskraft und Sicherheitsbewußtsein gefehlt. Die Betreibergesellschaft befand diesen Bericht trotzdem als fair, verständlich und konstruktiv.[154]

Von der unerträglichen Leichtigkeit des GAUs

Ein GAU ist streng wörtlich genommen gar nicht mehr zu steigern. Dennoch zeigt die Wortschöpfung «Super-GAU» an, daß solange unser Globus existiert, eine Steigerung der Zerstörung denkbar scheint. Der im Kalkül größtanzunehmende Unfall ist eben nicht unbedingt identisch mit der in Wirklichkeit größtmöglichen Reaktorkatastrophe. Dabei markiert Tschernobyl nur den vorläufigen Gipfelpunkt einer Serie von «Kritikalitätsunfällen» (bei denen der Reaktorkern unkontrolliert zu schmelzen beginnt). Dokumentiert sind mindestens 14 solcher Unfälle.[162] Meist ist nur noch Harrisburg in Erinnerung. Aber 1965 ereignete sich ein ähnlicher Unfall in unserem Nachbarstaat Belgien mit dem Forschungsreaktor in Mol, bei dem ein Mann lebensgefährlich verstrahlt wurde. 1966 in Michigan ereignete sich bei dem Schnellen Brüter Enrico Fermi eine Reaktorkernschmelze, die glücklicherweise zu einem Zeitpunkt auftrat, als die Anlage mit nur 15 Prozent Auslastung fuhr. Bei voller Auslastung der Anlage wäre es zu einer noch verheerenderen Katastrophe gekommen als bei dem Reaktorunfall Tschernobyl, denn 4 Millionen Menschen lebten dort im Umkreis einer Meile.[154]

Eine gravierende nukleare Katastrophe hat auch schon 1958 in der Sowjetunion stattgefunden:

Im März 1958 kam es in Kyshtym (Ural) nahe Chelyabinsk zu einer schweren Explosion in einer nuklearen Waffenfabrik. Von vielen akuten Strahlenopfern wird berichtet[163], von Quadratkilometern verseuchter Erde, die noch heute unbewohnt bleiben muß, wo Autofahrer ihre Fenster zu schließen haben und Anhalten verboten ist. Der Amerikaner Ralph Nader behauptet, daß die CIA Informationen über diesen russischen Unfall lange verheimlicht hat, um bei US-Bürgern in der Nähe von amerikanischen Kernkraftwerken keine Unruhe hervorzurufen.[154]

Unsere eigenen Kraftwerksbetreiber haben ja auch vor noch nicht allzulanger Zeit in ihrer Fachzeitschrift *Atomwirtschaft*, Dezember 1983, den sowjetischen Reaktor vom Typ RBMK (Tschernobyl) als vorteilhaft (!) bezeichnet. Das Argument stammte von einem russischen Wissenschaftler: Der Vorteil liege in der Kombination aus Kostengünstigkeit und Sicherheit und entstehe dadurch, daß auf ein Containment, eine Reaktorschutzkuppel, verzichtet wurde. «Der Reaktor ist nicht von einem tonnenschweren Hochdruckbehälter umschlossen – die Verläßlichkeit des ganzen Systems ist sehr hoch dank der Überwachungs- und Kontrollmöglichkeit...»[164]

Plutonium nach Tschernobyl

Schon die ganz frühen Pressemeldungen nach dem Reaktorunglück enthielten Meßergebnisse hoher Mengen Neptunium 239, erst aus Schweden und bald (in Höhe von 3 Prozent der gesamten Beta-Strahlung) auch vom Wetteramt Offenbach. Niemand regte sich darüber auf. Neptunium war ein relativ unbekanntes Element, kein Reizwort wie Plutonium, und so entging es auch der Aufmerksamkeit der Experten, daß Neptunium 239 innerhalb von nur 2,4 Tagen zur Hälfte zu Plutonium 239 zerfällt, sich also innerhalb weniger Wochen fast vollständig zu Plutonium umwandelt. Eine Neptuniummenge in Höhe von 3 Prozent der ursprünglich gemessenen Jodaktivität würde also die Menschheit als Plutonium über Zehntausende von Jahren begleiten oder überdauern.

Nur aus reiner Unkenntnis der Bedeutung solcher Daten entstand keine Panik, denn 1000 Becquerel pro Quadratmeter und mehr hätten beachtliche Folgen gehabt: mit zwanzigjähriger Verzögerung wäre die Krebsrate deutlich meßbar angestiegen, und je nach Häufigkeit und Größe «heißer» Plutoniumpartikel im Fallout wären auch Akutschäden denkbar gewesen.

Die Marburger Kernchemiker hatten dazu anfangs nur lakonisch gemeint: «Die haben sich mit dem Neptunium vermessen. Da haben sich irgendwelche Meßlinien überlagert.» Nachprüfbar wäre diese Behauptung nur durch Vorlegen von Plutoniummessungen, von denen einige dann auch in der Marburger Kernchemie durchgeführt wurden: In der Nacht vom 3. auf den 4. Mai 1986 stellte ein Mitarbeiter auf eigene Initiative ein Plastikgefäß, wie man es sonst als Kühlbox in Tiefkühltruhen verwendet, in den Garten (Probe 1 Ketzerbach). Er fing damit einen halben Liter Regenwasser auf, das anschließend in einer zweiwöchigen Prozedur «eingeengt» und auf Plutonium analysiert wurde. Als das Ergebnis da war, entstand bedrücktes Schweigen im Institut. Die Werte waren so hoch, daß erst vermutet wurde, daß vielleicht hauseigenes Plutonium in die Meßprobe geraten sei. Alphaspektroskopische Kontrollmessungen ergaben aber, daß das nicht der Fall war.

Ebenfalls in der Nacht vom 3. auf den 4. Mai war über das Dach eines Hauses (wieviel Plutonium blieb in der Ziegeloberfläche haften?) der Regen in eine Regentonne eines anderen Mitarbeiters gelaufen (Probe 2 Marburg Wehrda). 127 Liter dieser sehr großvolumigen Probe wurden ebenfalls «eingeengt» und auf Plutonium analysiert. Das Ergebnis war knapp dreimal niedriger als das aus der ersten Probe. Die bedrückte Stimmung besserte sich, noch immer wurde aber nichts bekanntgegeben. Es wurde in München angerufen, was wohl im Strahleninstitut Neuherberg gefunden worden war, und nach dieser Rückkopplung wurden schließlich einige wenige, außenstehende «insider» informiert.

Eine weitere Wasserprobe, die ein dritter Mitarbeiter zur Analyse mitbringen wollte, hatte seine Frau versehentlich vorher weggeschüttet.

Ergebnisse:

Probe 1: Plutonium   0,1 Nanogramm/Liter
Probe 2: Plutonium 239/240   36 Pikogramm/Liter entspricht 0,08 Bq/l
    Plutonium 239:   0,08 Pikogramm/Liter entsprechend 0,05 Bq/l

Bei einer angenommenen Niederschlagsmenge von 5 mm ergäbe sich: Marburg (Probe 2): 0,4 Bq/m^2 von Plutonium 239/240, während in München 0,04 Bq/m^2 gemessen worden waren.[164a]

Wie wurde diese Differenz um das Zehnfache (zu Probe 2) bzw. um das Dreißigfache (zu Probe 1) erklärt? «Wir vermuten, daß wir mit der Probe aus der Ketzerbach (Probe 1) einen dieser ‹hot spots› eingefangen haben»[164a], heiße, stark strahlende Plutoniumstaubpartikel also. Danach drängt sich die Frage auf: Wie viele und wie große solcher Partikel waren in der Luft? Wieviel hat die Bevölkerung davon also einatmen können?

Zur Beantwortung hätte eine Luftfiltermessung durchgeführt werden müssen, die den Luftdurchsatz mißt, alle darin vorkommenden

Plutoniumteilchen zählt, nach Teilchengröße sortiert und anschließend den Auffang einer Plutoniumanalyse zuführt. Mit dem Marburger Glimmerfilter hätte dieses aufwendige Verfahren sogar durchgeführt werden können. Die mehr als 100 000 DM teure Kostenzusage wurde aber aus dem hessischen Sozialministerium nicht gegeben, und folglich wurde auch keine Plutonium-Luftmessung durchgeführt. Meines Wissens existiert somit kein derartiger Meßwert in der Bundesrepublik.

Was nützen einem nun die vereinzelten Bodenmeßwerte, die man schließlich nicht auf Becquerel pro Quadratkilometer für das ganze Land hochrechnen kann?

Eigentlich bedarf es flächendeckender Messungen, nicht einiger weniger Zufallsproben im Auf und Ab der Becquerel. Die vorliegende Meßprobendichte ist absolut unzureichend, und die wissenschaftlichen Informationen sind dazu noch selektiert: Manchmal werden niedrige Probenergebnisse veröffentlicht – der Rest der Analysen bleibt hinter der Mauer des Schweigens und des Herrschaftswissens verborgen. Politisch wird eine Verhaltensänderung in Richtung «mehr Messungen und weniger Geheimniskrämerei» weder gewünscht noch bezahlt. Die Frage nach der Plutoniumbelastung unseres Bodens ist daher noch offen und bleibt zu klären.

Vom Gleichen noch mehr?

Die genannten Beispiele machen deutlich, aus wie vielen Quellen sich die ständige Zunahme von Radioaktivität in unserer Umwelt speist. Und natürlich ist die Aufstellung unvollständig. Sie müßte ergänzt werden durch die vielen Anwendungsgebiete, in denen der Umgang mit Strahlenquellen in unseren technischen Alltag einzieht: in Form plutoniumgetriebener Rauchmelder, Saatgut-, Arzneimittel- und Lebensmittelsterilisation mit Gammastrahlen, das industrielle Schweißnahtröntgen mit Iridium-192 etc.

Dazu kommt der medizinische Wildwuchs von unnötigen Röntgenuntersuchungen. Nuklearmediziner und Radiologen, die oft nicht mal wissen, wie viele Millirem Belastung die einzelnen von ihnen durchgeführten Untersuchungen mit sich bringen, haben von allen Fachärzten das durchschnittlich höchste Einkommen. Die ärztliche

Gebührenordnung honoriert auch dem praktischen Arzt ein Röntgenbild viel besser als ein einstündiges therapeutisches Gespräch.

Die so häufig aufgemachte Darstellung, daß die medizinische Strahlenbelastung ein Mehrfaches der friedlichen Nutzung der Kernenergie ausmache, ist zunächst richtig:

Strahlenexposition	Äquivalentdosisleistung
1. Natürliche Strahlung	ca. 110 mrem pro Jahr
2. Künstliche Strahlung	ca. 60 mrem pro Jahr
a) Durch Anwendung ionisierender Strahlung und radioaktiver Stoffe in der Medizin	ca. 50 mrem pro Jahr
b) Durch Fallout von Kernwaffenversuchen	ca. 1 mrem pro Jahr
c) Durch Verwendung ionisierender Strahlung und radioaktiver Strahlen in Forschung und Technik	ca. 1 mrem pro Jahr
d) Durch kerntechnische Anlagen	ca. 1 mrem pro Jahr [237]

Aber wie wir gesehen haben, ist die tatsächliche Strahlenbelastung durch Atomkraftwerke nicht identisch mit den oben aufgezeichneten, vorauskalkulierten Emissionen. Störfälle und Unfälle sind ebensowenig mit eingeschlossen wie sämtliche strahlenbelastete Lebensmittel. Die tatsächlichen Abgaben radioaktiver Substanzen liegen um ein Vielfaches höher als berechnet.

Quantitativ werden hier zudem Äpfel mit Birnen verglichen, also unterschiedliche Qualitäten. Die Millirem medizinischer Röntgenstrahlung, wenngleich selbst nicht harmlos, sind wirkungsdifferent von Plutonium in den Knochen und Strontium in den Zähnen. Der Begründungszusammenhang ist ebenfalls verschieden, denn zu jeder Röntgenaufnahme hat der Patient in der Hoffnung eines eigenen Nutzens seine direkte Einwilligung gegeben, was man von Test-Fallout oder dem fraglich notwendigen Atomstrom nun gerade nicht sagen kann.

Ich hoffe, daß die bisherigen Ausführungen deutlich gemacht haben, daß ein Mehr an Radioaktivität in der Umwelt letztlich ein Mehr an gesundheitlicher Belastung mit sich bringt. Kalkulierbar ist das Gefahrenpotential aber bei weitem noch nicht. Zur Berechnung der genetischen Folgeschäden fehlen noch Grundlagen, bei der Beurteilung der Krebsgefahr streiten sich die Experten je nach Interessenlage, und das statistische Material ist häufig nur geeignet, wenige Einzeleffekte (zum Beispiel Plutonium-bedingten Knochenkrebs) auf dem Signifikanzniveau herauszufiltern. Um im allgemeinen Anstieg der Krebshäufigkeit die Einzelwirkungen der verschiedenen Nuklide zu lokalisieren, zu addieren und dann eine Aussage zu machen, welchen Anteil an der Sterblichkeit die Abgase, die Insektizide oder die zunehmende Strahlung hat – dazu existiert noch gar kein methodisches Konzept. Solange das so bleibt, gehen die absolut sicher zu erwartenden Strahleneffekte ebenso sicher im Rauschen der Statistik unter. Die Verantwortlichkeiten lassen sich nicht mit letzter Sicherheit beweisen. Politiker wie Betreiber können sich immer wieder herausreden, die Gesundheitsprobleme könnten ja auch von anderen Ursachen herrühren, wobei das «auch» gar nicht in Frage gestellt werden soll.

Ein Zögern und Verlangsamen von Kurskorrekturen im Atomprogramm halte ich daher nicht zuletzt aus medizinischer Sicht für katastrophal.

Ausblick

«Was immer du tust, handle klug und bedenke die Folgen», sagten die alten Römer. Radioaktive Technologie kann Folgen der hier beschriebenen Art nach sich ziehen, und wer davon betroffen wird, für den muß ein riesiger und fürchterlicher medizinischer und finanzieller Aufwand betrieben werden. Zwar mag die Akutphase überlebt werden, wenn das Opfer mit dem Flugzeug ins «nächste» Spezialkrankenhaus transportiert wird, wenn dort noch eines der lächerlich wenigen Sterilbetten frei ist und sich der Staat in der Lage und willens zeigt, einige hunderttausend Mark in die Behandlung zu investieren. Medizinische Spezialisten und Versorgungseinrichtungen müssen überregional koordiniert werden, verzweifelt (weil meist erfolglos) kann man Knochenmarkstransplantationen versuchen – in jedem Fall jedoch muß sich das arme Opfer einer medizinischen Tortur unterziehen mit ungewissem Ausgang, einer Prozedur, die auch ein hochorganisierter Industriestaat nur einer sehr kleinen Zahl von Opfern überhaupt anbieten kann und die für die Bewältigung von Massenproblemen völlig ungenügend ist.

Kann eine Technologie vertreten werden, die solche Gefahren mit sich bringt? Bei der größere Unfälle wie in Tschernobyl nur durch den persönlichen Einsatz von als Helden deklarierten Arbeitern bewältigt werden können, die sich im 12-Minuten-Takt in der heißen Strahlenzone abwechseln mußten [174] und von denen manche ihr Strahlensyndrom bekamen, ohne sich letztlich über die persönliche Tragweite einer solchen Erkrankung im klaren zu sein? Eine Technologie, die zunehmend in alle Lebensbereiche eindringt, das Wasser der Irischen See (Sellafield) oder die Luft über der Südhalbkugel (Satellit SNAP-

9A) verseucht, den Boden für unsere biographischen Zeitbegriffe völlig unvorstellbar lange mit Plutonium belastet? Eine Technologie, die in ihren eigenen, sogenannten «geschlossenen Brennstoffkreisläufen» das Ultragift Plutonium gleich kilogrammweise «verliert»[175, 176, 177]?

Georg Wald, Nobelpreisträger für Medizin/Psychologie 1967, formulierte am 26. Juni 1978 auf einer Nobelpreisträger-Tagung in Lindau: «Vor 100 Jahren wurden die ersten Ölquellen erschlossen. Ich bin so alt wie der industrielle Gebrauch des Benzins. In den ersten 25 Jahren der Erdölindustrie war das Benzin eigentlich nur ein nutzloses und gefährliches Nebenprodukt. Die einzige Frage, die man damals stellte, war: wie kann man es loswerden, bevor es explodiert? Und dann hat Henry Ford das Auto popularisiert, und auf einmal gab es eine Verwendung für das Benzin.

Für viele Menschen ist es jetzt fast unglaublich, daß die Zivilisation ohne Benzin weiterleben könnte. Und jetzt glauben auch viele Leute, daß wir ohne Atomenergie nicht weiterleben können.

Meine Damen und Herren, die Realität ist, daß wir mit der Atomenergie nicht leben können.»

Von kompetenter Seite eine mutige, parteinehmende Stellungnahme. Wald ergänzt sie um den Hinweis: «Die amerikanischen Versicherungsgesellschaften, diese größten Realisten, haben von allem Anfang an sich geweigert, Atomkraftanlagen zu versichern.» Das Risiko trägt seitdem wesentlich der Steuerzahler. Dennoch wird von fachlich sicher weniger kompetenter Seite, nämlich regierungsamtlich, weiterhin für eine Nutzung der Atomenergie plädiert: Das Risiko (statt die Gefahr) sei begrenzbar, sei sehr klein und damit zumutbar und verantwortbar.

Risiko bleibt somit ein schillernder Begriff. Geht es um die Gefahreneinschätzung von Strahlung, muß man sich diesem Begriff noch einmal zuwenden: Bezeichnet man mit «Risiko» den zu erwartenden Schadensumfang pro Zeiteinheit, so wird an dieser Definition deutlich, daß auch der Risikobegriff nach Interessen zu differenzieren ist: Welcher Schaden für wen? Und wann tritt er ein bzw. wen betrifft er und wen nicht? Alternde Politiker mit Blick auf die nächste Legislaturperiode mögen eine andere Einstellung zu langfristigen Strahlenschäden haben als werdende Mütter.

Risikoeinschätzungen werden aber auch durch Erfahrungswerte bestimmt. Wie nun, wenn die Eintrittswahrscheinlichkeit eines Schadens so selten ist, daß man damit kaum Erfahrungen hat? Dann läßt sich auch eine Wahrscheinlichkeit rein statistisch nicht angeben. Es muß ein Rückgriff auf Simulationsmodelle erfolgen, deren Übereinstimmung mit der Wirklichkeit offenbleibt. Zudem wird die Berechnung dann etwas absurd, wenn die vermutete Eintretenswahrscheinlichkeit theoretisch fast Null sein soll, der zu befürchtende Schaden dafür gegen unendlich tendiert.

Je weniger sich aber ein Risiko erfahrbar fassen läßt, um so mehr wird seine Beurteilung zu einer Frage der Standpunkte und Interessen. Und hierbei spielt nicht nur die übliche Kosten/Nutzen-Analyse eine Rolle. Die Einstellung gegenüber einem Risiko – ob man es akzeptiert, hängt auch noch von ganz anderen Faktoren ab: Kategorien etwa wie Freiwilligkeit, ob persönliche Kontrolle möglich ist, ob extreme Konsequenzen denkbar sind, ob die Gefährdung sich sinnlich wahrnehmbar oder sozusagen hinterrücks vollzieht, ob man sich an die Gefahrenquelle schon gewöhnt hat.[235]

Störfälle und politische Auseinandersetzungen um Atomkraftwerke, die Angst vor unsichtbaren Strahleneinwirkungen und dem möglichen GAU, das Ohnmachtsgefühl gegenüber der Planung mächtiger Interessengruppen erklären die schlechte Akzeptanz der Atomenergie.

Die Studie «Technisches Risiko und gesellschaftliche Wahrnehmung»[235], von den Kernforschern aus Jülich selbst angestellt, zeigte, daß die Bevölkerung im Schnitt mit der Kernenergie eine negative Einflußnahme auf die soziale Wohlfahrt und auf die Verwirklichung von sozialen Werten verbindet. Das war 1982, wobei – und das erscheint mir wichtig – diese negative Gesamtbeurteilung nur durch den Glauben an die zukünftige Rolle der Kernenergie für die Lösung noch ausstehender Energieprobleme kompensierbar schien.

Genau diese Probleme lassen sich heute aber anders lösen, als damals prognostiziert wurde (ebenso wie hoffentlich bald der Pestizidverbrauch in der Landwirtschaft, der Schwefelausstoß von Kohlekraftwerken und – wer wagt zu hoffen? – die Atomwaffenproduktion). Was steht also einer Kurskorrektur entgegen, was verursacht diese entsetzliche Trägheit gegenüber drängenden Problemen?

Nun, die Rolle von privatwirtschaftlichen Profiten für die Industrie, die bisweilen in Gegensatz zu volkswirtschaftlichem Nutzen gerät, brauche ich hier nicht näher zu erläutern, wenngleich es mir angebracht erscheint, darauf hinzuweisen, daß es in der Elektroindustrie/Kraftwerksbau jetzt nicht mehr nur um Profite geht, sondern auch um die Abwendung riesiger Verluste. Ein Atomkraftwerk abzureißen und endzulagern kommt so teuer, wie eines zu bauen – Kosten, die man am liebsten auf den Staat bzw. die Steuerzahler abwälzt.

Dies erklärt auch einen Teil der politischen Trägheit, die bei angespannter Haushaltslage solche Belastungen am liebsten vertagt. Auf der Politbühne kommt jedoch vor allem noch ein zweiter wichtiger Trägheitsfaktor hinzu: Das Problem, nicht das Gesicht zu verlieren. Welche Politikergeneration, welche Partei übernimmt gern die Verantwortung für 30 Milliarden DM verpulverte Steuersubventionen, jetzt entstehende Folgekosten und alte Fehlprognosen? Hier könnten wir den Politikern helfen, indem wir ihren Mut zum Ausstieg politisch mehr honorieren als ihr verzweifeltes Problem-Vertagen aus Angst vor dem politischen Offenbarungseid.

Dazu bedarf es meines Erachtens auch einer bewußteren Diskussion des Fortschrittsbegriffes. Die Idee von «größer, schneller, höher, weiter» ist ja nur solange sinnvoll, wie man mickrig, langsam, niedrig und zurückgeblieben ist. Aber sind wir das eigentlich? Läge nicht heute Größe manchmal darin, das Machbare klug zu unterlassen, aufzuschieben oder vorsichtiger zu realisieren? Bringt denn ein Mehr an Medizin wirklich ein Mehr an Gesundheit? Ein Mehr an Bomben ein Mehr an Sicherheit? Jedoch, der Irrsinn hat Methode. Seine Rationalität liegt darin, daß uns das Hemd näher ist als der Rock, eine nur in Notzeiten richtige Philosophie. Heute jedoch geraten unsere kurzfristigen Bequemlichkeiten, Karriereinteressen und Vorteilnahmen immer häufiger in Widerspruch zu unserer langfristigen Selbsterhaltung. Insofern gehört zur Risikodiskussion auch eine ganz persönliche Risikobereitschaft: Der Mut, den politischen Landfrieden mit ökologischen Thesen zu konfrontieren und entstehende Reibungen in Kauf zu nehmen – die Bereitschaft, seine Meinung nicht nur im höchst privaten Hinterkopf mit sich zu tragen, sondern sich zu zeigen: der Familie, den Kollegen, den lokalen Behörden.

Daß es deshalb gilt, sich in einem gewissen Grad sachkundig zu machen, ist klar. Dieser Anspruch stößt jedoch an Grenzen. Man kann nicht, wenn man die Aussagen von Experten beurteilen will, sich jedesmal erst selbst zum besseren Experten ausbilden. Man ist also darauf angewiesen, die mit den Experten besetzten politischen Institutionen und Kommissionen auch politisch zu beurteilen. Damit meine ich, sich darüber Gedanken zu machen, wessen Interessen dort vertreten werden und wieviel Vertrauen folglich angebracht ist. Professor Gofman hat einmal gesagt: «Die nationale Strahlenschutzkommission hat kürzlich festgestellt, die gängigen Strahlengrenzwerte seien zufriedenstellend. – Daß diese Strahlenstandards die Mitglieder der nationalen Strahlenkommission befriedigen, würden wir auch nicht einen Moment lang in Frage stellen. Ebensowenig, wie wir bezweifeln würden, daß der Besitz von 10 000 Nuklearsprengköpfen für das Verteidigungsministerium befriedigend ist. Was sich unserem Verständnis jedoch entzieht, ist die Beantwortung der Frage, wie die nebulöse Beziehung zwischen den Interessen der Kommissionsmitglieder und den Interessen der Öffentlichkeit an guter Gesundheitsfürsorge quantitativ bewertet werden soll.»[239]

Diese Frage sollte man sich selbst zu beantworten suchen, wobei ich hoffe, mit diesem Buch zumindest ein Entscheidungskriterium vermittelt zu haben: daß aus medizinischen, sachlichen und ethischen Gründen beim Umgang mit Plutonium der Spaß aufhört. Hier ist das Ende der Fahnenstange erreicht. Wer eine Fortführung und Weiterentwicklung in diesem Bereich verantworten will, dem sollte das Vertrauen entzogen werden. Aus dem gleichen Grund kann auch eine Wiederaufbereitungsanlage als endgültiger Einstieg in die Plutoniumwirtschaft nach dem Motto «Jetzt erst recht» nur ganz entschieden abgelehnt werden.

Eine Plutoniumwolke aus einem Riesenkamin, Jahr für Jahr fein gleichmäßig verteilt auf die Bundesbürger, ein wachsendes biologisches Spaltproduktinventar, das die Menschheit Zehntausende von Jahren unbemerkt begleitet, gilt es aus wohlverstandener Gesundheitsprävention zu verhindern. Die Deutsche Gesellschaft zur Wiederaufbereitung von Kernbrennstoffen mit beschränkter Haftung (DWK 1983) hat für Wackersdorf beantragt, 132 Millionen Becquerel Plutonium 238 und 8,4 Millionen Bq Plutonium 239 jährlich mit dem Abwasser ableiten zu dürfen.

Die beantragten oberen Grenzwerte für Ableitungen in der Kaminluft liegen pro Jahr bei 225 Millionen Bq Plutonium 238, 16 Millionen Bq Plutonium 239 und 34 Millionen Bq Plutonium 240. Solche Radioaktivität in Raum und Zeit zu verdünnen, ist weder Strahlenschutz noch echte Problemlösung, sondern dummschlaues Verhalten: Für den einzelnen sind die Strahlenschäden in Ursache und Wirkung nicht mehr sinnlich faßbar.

Halbherzige Umweltschutzgesetze erst nach dem Waldsterben oder der x. Rheinwasservergiftung sind ebenfalls ungenügend. Wollte man bei Plutonium die Effekte auch nur eines Hundertstels der Halbwertzeit abwarten, wären schon zweihundert Jahre vergangen. Hier müssen tatsächlich Umorientierungen stattfinden, und an die Stelle kurzfristiger Vorteilsnahmen sollte eine langfristige Verantwortlichkeit treten. Wenn es heute bestimmte gefährliche Technologien zu verbieten gilt, so bestimmt nicht aus rückwärtsgewandter Maschinenstürmerei, sondern um uns unsere Zukunft nicht zu verbauen.

Glossar

Die im folgenden gegebenen Worterklärungen sind nicht alle von breiter Allgemeingültigkeit, sondern häufig zugeschnitten auf den speziellen Umgang mit dem Thema Plutonium.

Aktivität:
Die Anzahl der radio«aktiven» Atomkerne, die pro Zeiteinheit zerfallen, wird als Aktivität bezeichnet.

$$\text{Definition:} \quad \text{Aktivität} = \frac{\text{Anzahl der Kernumwandlungen}}{\text{Zeit}}$$

Die Anzahl der Kernumwandlungen wird als Zahlenwert ohne Einheit angegeben. Für die Zeit wird als Einheit die Sekunde gewählt. Als besonderer Einheitenname wurde das *Becquerel* (Bq) eingeführt.

$$1\,\text{Bq} = 1 \cdot \text{s}^{-1}$$

Bis Ende 1985 durfte noch die alte Einheit *Curie* (Ci) verwendet werden

$$1\ \text{Curie} = 37\ \text{Milliarden Bq}$$

Alphastrahlen:
Alphateilchen (Heliumkerne), die beim Zerfall von *Radionukliden* ausgesandt werden.

Äquivalenzdosis:
Sie gilt als Maß für äquivalente biologische Schadenswirkung ionisierender Strahlen auf den Menschen. Es gilt die Rechenvorschrift:

$$\text{Äquivalenzdosis} = \underline{\text{Energiedosis}} \times \underline{\text{Qualitätsfaktor}}$$
$$H \quad = \quad D \quad \times \quad Q$$

147

Als Einheit der Äquivalenzdosis diente bisher das rem (roentgen equivalent man). Für den Fall eines *Qualitätsfaktors* von 1 entspricht 1 rem der Energiedosis von 1 rad. Die Einheit rem durfte nur noch bis Ende 1985 benutzt werden. Als neue SI-Einheit wurde dann das Sievert (Sv) eingeführt, wobei folgende Umrechnung gilt:

$$1 \text{ rem} = \frac{10^{-2} \text{ J}}{\text{kg}} = \frac{10^{-5} \text{ J}}{\text{g}} = 10^{-2} \text{ Sv bzw. } 1 \text{ Sv} = 100 \text{ rem}$$

Wegen der Undifferenziertheit des Q-Faktors ist die Äquivalenzdosis ein drastisch vereinfachendes Konzept zum Vergleich verschiedener Strahlenqualitäten hinsichtlich ihres biologischen Schadens.

Becquerel (Bq):
Neue Einheit der *Aktivität* welche die Zahl der Zerfälle eines radioaktiven Elements pro Sekunde angibt. Sie ersetzt ab 1985 das früher gebräuchliche Curie (Ci, 1 Ci = 37 Milliarden Bq).

1 Bq = 1 radioaktiver Zerfall pro Sekunde. Was bedeutet, daß bei einer Aktivität von 1 Bq Sekunde für Sekunde jeweils 1 Atom zerstrahlt.

Beruflich Strahlenexponierte:
Personen, die bei ihrer Berufsausübung oder bei ihrer Berufsausbildung mehr als 10 Prozent der für beruflich Strahlenexponierte vorgeschriebenen *Dosisgrenzwerte* erhalten können. Es werden unterschieden: beruflich strahlenexponierte Personen der Kategorie A: Personen, die mehr als 30 Prozent der Dosisgrenzwerte erhalten können. Beruflich strahlenexponierte Personen der Kategorie B: Personen die zwischen 10–30 Prozent der Dosisgrenzwerte erhalten können.

Betastrahlung:
Teilchenstrahlung, die aus beim radioaktiven Kernzerfall ausgesandten Elektronen besteht.

Counter (z. B. lung counter, body counter):
Meßgerät, z. B. für die Strahlung radioaktiver Zerfälle, mit dessen Hilfe Aussagen gemacht werden über den Aktivitätsgehalt eines Organs oder des Gesamtkörpers (lung burden, body burden).

Sofern hier Alphazerfälle gezählt werden, bzw. deren weiche Sekundärstrahlung, muß man bedenken, daß der Name Zähler (counter) eine Exaktheit vortäuscht, die das Verfahren gar nicht besitzt. Ungleich dem gamma count müssen nämlich beim alpha count eine große Menge anatomischer und physikalischer Parameter berücksichtigt werden, um von der gemessenen Zählrate rückschließen zu können auf die tatsächlich inkorporierte Aktivität. Die Werte vieler dieser Parameter basieren jedoch nur auf vagen Annahmen, deren Ungenauigkeit bzw. Streubreite im Ergebnis kenntlich gemacht werden sollte.

Dekontamination:
Beseitigung oder Verminderung einer *Kontamination*

Dosis:
Siehe Energiedosis und Äquivalenzdosis

Dosimeter:
Gerät zur Dosismessung

Dosimetrie:
Methode zur Dosismessung

Dosis-Wirkungs-Beziehung:
Jede Darstellung des Zusammenhanges zwischen Strahlendosis und der dadurch ausgelösten biologischen Wirkung. Für die Messung der biologischen Wirkung können sehr verschiedene Folgezustände herangezogen werden, die ihrerseits die Form der Dosis-Wirkungs-Beziehung (Dosis-Wirkungs-Kurve) beeinflussen, z. B. akuter Tod nach Ganzkörperbestrahlung, Störung bestimmter Organfunktionen, Steigerung des spontanen Auftretens bösartiger Geschwülste oder erblicher Krankheiten.

Einheiten

Multiples and submultiples	Prefixes	Symbols
$1\,000\,000\,000\,000 = 10^{12}$	terra	T
$1\,000\,000\,000 = 10^9$	giga	G
$1\,000\,000 = 10^6$	mega	M
$1\,000 = 10^3$	kilo	k
$100 = 10^2$	hecto	h
$10 = 10^1$	deka	dk
(the unit = one)		
$0,1 = 10^{-1}$	deci	d
$0,01 = 10^{-2}$	centi	c
$0,001 = 10^{-3}$	milli	m
$0,000\,001 = 10^{-6}$	micro	μ
$0,000\,000\,001 = 10^{-9}$	nano	n
$0,000\,000\,000\,001 = 10^{-12}$	pico	p

Energiedosis:
Energie«menge», welche das betroffene Gewebe absorbiert

$$\text{Energiedosis} = \frac{\text{absorbierte Strahlungsenergie}}{\text{Masse}}$$

Neue Einheit ist das Gray (Gy), wobei gilt: $1\,Gy = 1\,J/kg = 100\,rad$

Exposition:
Jemand, der infolge seiner Arbeit mit offenen Radionukliden hantiert, ist deren Strahlung ausgesetzt oder exponiert. Eine Exposition erfolgt für

149

die Normalbevölkerung durch die Nuklearmedizin, durch Abluft- oder Abwasseremissionen von kerntechnischen Anlagen, durch militärische Tests sowie Unfälle. Expositionen sind nicht mit *Kontaminationen* oder *Inkorporationen* gleichzusetzen.

Fallout:
Radioaktiver Niederschlag aus kleinsten Teilchen in der Atmosphäre, die bei Kernwaffenversuchen und AKW-Unfällen entstanden sind.

Gammastrahlung:
Sehr kurzwellige elektromagnetische Strahlung, die z. B. beim radioaktiven Zerfall von Atomkernen ausgesandt wird.

Ganzkörperdosis:
Mittelwert der Äquivalentdosis über Kopf, Rumpf, Oberarme und Oberschenkel als Folge einer als homogen angesehenen Bestrahlung des ganzen Körpers.

Gray (Gy):
Ab 1986 international zu gebrauchende SI-Einheit für die *Energiedosis,* bislang bezeichnet mit *rad.* Es gilt die Beziehung:
$1\,Gy = 100\,rad = 1\,J/kg.$

Grenzwert in der Strahlenschutzverordnung:
Vorgeschriebene Obergrenze für die Exposition beruflich oder außerberuflich Strahlenexponierter. Meist werden Jahresgrenzwerte angegeben. Sie stellen einen Kompromiß dar zwischen Strahlengefahren und *akzeptablem Restrisiko.*

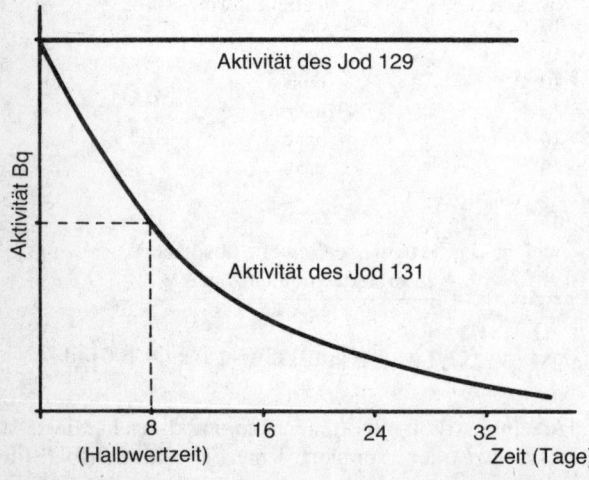

150

Halbwertzeit (physikalische):
Diejenige Zeitspanne, in der die Anzahl der anfangs vorhandenen Atomkerne des betreffenden Nuklids auf die Hälfte abnimmt. Die Strahlenak-
tivität eines Stoffes fällt also innerhalb der Halbwertzeit auf die Hälfte.

Die biologische Halbwertzeit bezieht sich im Unterschied dazu auf die
Zeit, in der der Körper oder ein Organ die Hälfte eines Radionuklids
durch Ausscheidung loswerden kann. Aus dem physikalischen Atomzer-
fall und der biologischen Ausscheidung eines Stoffes zusammen ergibt
sich seine effektive Halbwertzeit für die Aktivitätsabnahme radioaktiver
Substanzen im Körper.

ICRP:
International Commission of Radiation Protection (Internationale Strahlenschutzkommission). Die ICRP gibt in unregelmäßigen Abständen
fortlaufende Publikationen mit Strahlenschutzempfehlungen heraus, die
hier im Text bezeichnet werden mit z. B. ICRP Pub 2 oder einfach ICRP 2
(siehe Literaturverzeichnis).

Inkorporation:
Gelangt ein Radionuklid über eine Verletzung, über die Atemwege oder
den Magen-Darm-Trakt ins Körperinnere, so spricht man von einer
Inkorporation. Ausmaß und Dauer hängen von der physikochemischen
Zustandsform des Nuklids und seinem ihm je nach biologischem Milieu
eigenen Stoffwechselparametern ab. Die Inkorporation ist beendet nach
Zerfall oder erfolgter Ausscheidung des betreffenden Nuklids.

JAZ (Jahresaktivitätszufuhr):
Diejenige *Aktivität*, die nach der Strahlenschutzverordnung pro Jahr aufgenommen werden darf. Sie darf für beruflich strahlenexponiertes Personal das jährliche Limit von 5 rem (entsprechend 50 mSv) Ganzkörperbelastung nicht überschreiten.

Kontamination:
Hier Verunreinigung ungeschützter Körperoberfläche durch einen radio-
aktiven Stoff. Die Folge davon ist eine bis zur Dekontamination durch
Säuberungsprozesse erfolgende Strahlenexposition und die Gefahr einer
Inkorporation.

Kritisches Organ:
In den alten Strahlenschutzempfehlungen der ICRP sowie in der deutschen Strahlenschutzverordnung wird der zulässige Grenzwert eines
Nuklids an kritischen Organen ausgerichtet, denjenigen Organen also,
deren Produkt von spezifischer Nuklidanreicherung und Strahlensensibilität das höchste Gesundheitsrisiko vermuten läßt. Ein an diesem Konzept
orientierter Grenzwert stellt die additive Strahlenbelastung des Körpers
durch Nuklidanreicherung in anderen weniger kritischen Organen nicht in
Rechnung.

Latenzzeit:
Hier der Zeitraum vom Beginn des Einwirkens einer radiotoxischen Substanz auf den Körper bis zum Ausbruch einer dadurch bedingten bösartigen Erkrankung. Beim Menschen kann diese Latenzzeit 20 Jahre und mehr betragen (siehe das Beispiel *Thorotrast*).

Nicht-stochastischer Prozeß:
Nicht zufallsbedingter, da deterministischer Prozeß. In der Strahlenbiologie: Eine Strahlendosis erzeugt (von individuellen Ausprägungsunterschieden abgesehen) eine bestimmte Auswirkung, z. B. Strahlendermatitis an der Haut oder strahlenbedingte Lungenfibrose. Das Auftreten dieser determinierten Effekte beginnt erst oberhalb einer bestimmten Dosishöhe (*Schwelle*). Siehe im Gegensatz dazu *stochastische Prozesse*.

Qualitätsfaktor Q (auch Bewertungsfaktor genannt):
Die biologische Wirkung ionisierender Strahlung ist nicht nur von der pro Masse absorbierten Energie, sondern noch von einer Reihe anderer Faktoren abhängig. So ist z. B. die Strahlenart für die biologische Wirkung von besonderer Bedeutung. Es spielen aber auch die Strahlenenergie, der räumliche Umfang der Bestrahlung (Ganzkörper-, Teilkörperbestrahlung), die Beschaffenheit des biologischen Objekts, die zeitliche Verteilung u. a. Faktoren eine Rolle. Um ein Maß für die biologische Strahleneinwirkung formulieren zu können, wird die Energiedosis mit einem Qualitätsfaktor multipliziert.

Der Qualitätsfaktor ist eine aus experimentellen Daten extrahierte, vereinfachte Rechenvorschrift der Strahlenschutzverordnung, die zu einer Kalkulation der *Äquivalenzdosis* dient.

Der Qualitätsfaktor wurde für bestimmte Strahlenarten fix definiert:
Röntgenstrahlen $QF = 1$
Beta- und Elektronenstrahlen $QF = 1$
Alphastrahlen (Richtwert) $QF = 20$

rad:
radiation absorbed dose
Ein Maß für die

$$\text{Energiedosis} = \frac{\text{absorbierte Strahlungsenergie}}{\text{Masse}} = \frac{J}{kg}$$

Die Einheit rad ist ab 1986 im amtlichen Sprachgebrauch nicht mehr zulässig. Als neuer Einheitsname für die Energiedosis wurde das Gray (Gy) eingeführt: $1\ Gy = 1\ J/kg$. Für Umrechnungen gilt: $1\ rad = 10^{-2}\ Gy$.

Radioaktive Stoffe:
Stoffe, die α-, β-, γ-Strahlen spontan aussenden

Radioaktivität:
Eigenschaft mancher chemischer Elemente, ohne äußere Einwirkung dauernd Strahlung auszusenden.

Radionuklid oder Nuklid:
Radioaktiver Stoff

rem:
roentgen equivalent man, bis 1985 zulässiges Maß für die *Äquivalenzdosis*. Jetzt Sievert: 1 Sv = 100 rem.

Schwellenwert:
Für nicht stochastische Strahlenschäden gilt, daß sie erst dann auftreten, wenn dosisabhängig gewisse Reparaturmechanismen des Körpers überfordert sind – in der Regel oberhalb einer mit einer gewissen Streubreite versehenen Dosisschwelle. Schwellenwerte für das Auftreten stochastischer Strahlenschäden gibt es nicht.

Sievert (sv):
SI-Einheit der *Äquivalenzdosis* in J/kg
1 Sv = 100 rem

Stochastischer Prozeß:
Zufallsbedingter, nicht deterministischer Prozeß. Besagt hier, daß ein biologischer Strahlenschaden nicht in seinem Ausmaß, sondern in seiner Auftretenswahrscheinlichkeit der Dosis korreliert. Naturgemäß haben stochastische Prozesse keine Dosisschwelle, unterhalb derer in keinem Fall mehr mit Folgeschäden gerechnet werden muß. Stochastische Strahlenschäden sind z. B. Krebs und genetische Mutationen.

Thorotrast:
Vor allem in der Vorkriegszeit gebräuchliches thoriumhaltiges Röntgenkontrastmittel (232 THO_2 – alpha-Strahler). Wurde es in der Medizin wegen seiner guten kontrastgebenden Bildeigenschaften, seiner Wasserlöslichkeit und hohen Verträglichkeit anfangs sehr geschätzt, so stellte sich später jedoch heraus, daß Gewebedepots, nach einer *Latenzzeit* von vielen Jahren, zu zahlreichen Spätschäden führten: Leukämie und Hämangiosarkome der Leber. Es ist dies ein gutes Beispiel dafür, wie anfängliche diagnostische Vorteile durch nicht einkalkulierte Spätschäden mehr als wettgemacht wurden.

Literatur

1   Frankfurter Rundschau, 12.6.1986
2   Deutsches Ärzteblatt, Jg. 83, Heft 21, 23.5.86, S. 1505
3   ARCHER, V.; WAGONER, J.; LUNDIU, F. E. (1973), Cancer mortality among
    uranium mill workers, in: Journal of occupational medicine, Nr. 15, 1973,
    p. 11–14
4   KAPLAN, H. S. (1974), «Leukaemia and Symptoma in experimental and
    domestic animals», in: Gunz F. W., The etiology of Leukaemia, SER.
    HAEMATOLOGICA VII, p. 94–163
5   PARK, J. F.; BAIR, W. J., BUSH, R. H. (1972), Progress in beagle dog studies
    with transuranic elements in Battelle Northwest, in: Health Physics, Vol. 22,
    p. 803–810
6   SPIERS, W.; VAUGHAN, J. (1976), Hazards of Pu with special reference to
    skeleton, in: Nature 259, p. 544 ff.
7   FLEISCHER, R. L. (1975), On the Dissolution of Respirable PuO_2 Particles,
    in: Health Physics, Vol. 29, p. 61–73
8   STANNARD, J. N. (1973), General Toxicology of Plutonium, in: Hodge,
    H. C., Stannard, J. N.; Hursh, J. B., Uranium, Plutonium, Transplutonic
    Elements, in: Handbuch der Pharmakologie, Berlin, Heidelberg, New York
9   OHLENSCHLÄGER, L.; SCHIEFERDECKER H.; SCHMIDT-MARTIN, W. (1984),
    Systemic burden and body burden of Pu in man: Comparison of results from
    bioassay and autopsy, in: Health Physics, Vol. 46, p. 833–838
10 THOMAS, R. G.; HEALY, J. W.; McINROY, J. F. (1984), Plutonium partition-
    ing among internal organs, in: Health Physics, Vol. 46, p. 839–844
11 HEMPELMANN, L. H.; RICHMOND, C. R.; VOELZ, G. L. (1973), A twenty-
    seven year study of selected Los Alamos Pu Workers, Los Alamos Labora-
    tory Report, LA-5148
12 SEABORG, G. T. (1972), Plutonium Revisited, in: Stover, B. J.; Jee, W. S. S.
    (eds.), Radiobiology of Plutonium, University of Utah, Salt Lake City
13 HEMPELMANN, L. H.; LUSHBAUGH, C. C.; VOELZ, G. L. (1980), What hap-
    pened to the survivors of the early Los Alamos nuclear accidents? in: Hüb-

ner K. F.; Fry, S. A. (eds.), The medical basis for radiation accident preparedness, Elsevier/North Holland

14 Frankfurter Rundschau, 18.07.1983

15 MARTLAND, H. S.; HUMPHRIES, R. E. (1929), Osteogenic Sarcoma in Dial Painters using Luminous Paint, in: Arch Path 7, p. 406–417

16 ARCHER, V. E. (1977), Occupational Exposure as a Cancer Hazard, in: Cancer 39, p. 1802–1806

17 EVANS, R. D. (1943), Protection of radium dial workers and radiologists from injury from radium, in: Journal of Industrial Hygiene and Toxicology 25, p. 253–269

18 LANGHAM, W. H., HEALY, J. W. (1973),
Maximum Permissable Body Burdens and Concentrations of Plutonium: Biological Basis and History of Development, in: Hodge, Stannard, Hursh, (1973); siehe Anm. 8

19 RUSSELL, E. R.; NICKSON, J. J. (1951), Distribution and Excretion of Plutonium, in: Stone, R. S. (ed.), Industrial medicine on the plutonium project, New York

20 STANNARD, J. N. (1981), Internal Emitter Research and Standard Setting, in: Health Physics, Vol. 41, p. 703–708

21 LANGHAM, W. H. (1972), The biological implications of the transuranium elements for man, in: Health Physics, Vol. 22, p. 943–952

22 SPLIETH, B. (1985), Aspekte des Plutonium-Metabolismus und Schwierigkeiten der Dosimetrie dieses Alpha-Emitters nach Inkorporation, Medizinische Dissertation, Universität Marburg, S. 38 u. 239 ff.

23 CROWLEY, J.; LANZ, H.; SCOTT, K.; HAMILTON, J. G. (1946), A Comparison of the Metabolism of Pu 238 in Man and Rat, in: Katz, J. (1951), Plutonium Metabolism – a Literature Review, Richland, Washington

24 SPIERS, F. W.; VAUGHAN, J. (1976), Hazards of plutonium with special reference to the skeleton, in: Nature 259

25 FINKEL, M. B.; BISKIS, B. O. (1962), Toxicity of Pu in mice, in: Health Physics, Vol. 8, p. 565–579

26 LANGHAM, W. H.; LAWRENCE, J. N. P.; McCELLAND, J.; HEMPELMANN, L. H. (1962), The Los Alamos Scientific Laboratories experience with Pu in Man, in: Health Physics, Vol. 8, p. 753–760

26a Frankfurter Rundschau, 27.10.1986

26b SCHLUNDT, H.; NERANCY J. T.; MORRIS, J. P. (1931), The detection and estimation of Radium in Living persons, in: American Journal of Roentgenology 30, p. 515

26c CRAVER, L. F. (1951), Tolerance to whole body irradiation of patients with advanced cancer, in: Stone, R. S. (ed), Industrial Medicine of the Plutonium Project, New York.

27 ANDREWS, G. A. (1967), Ethical considerations in human experimentation, in: Proceedings of the 12th annual bioassay and analytical chemistry meeting, Gatlinburg, Tennessee, Oct. 13–14, 1966

28 HURSH, J. B.; SPOOR, L. N. (1973), A history of uranium poisoning; dies. Data on Man, in: Hodge, Stannard, Hursh (1973); siehe Anm. 8

29 Los Alamos Scientific Laboratory Report, Nr. 1151, reprint in: Langham, W. H.; Bassett, S. H.; Payne, S. H.; Carter, R. E. (1980), Distribution and

excretion of Pu administered intravenously to man, in: Health Physics, Vol. 38, p. 1030–1060

30 LANGHAM, BASSETT, PAYNE, CARTER (1980); siehe Anm. 29

31 HODGE, STANNARD, HURSH, (1973); siehe Anm. 8

32 Siehe Anm. 11

33 Siehe Anm. 18

34 SNYDER, W. S., (1962), Major sources of error in interpreting urine analysis data to estimate the body burden of Pu 239, in: Health Physics, Vol. 8, p. 767–772

35 ROWLAND, R. E.; DURBIN, P. W., (1976), Survival causes of death and estimated tissue doses in a group of human beings injected with Pu, in: Jee, W. S. S. (ed.), (1976), The Health Effects of Plutonium and Radium, University of Utah, Salt Lake City

36 ROWLAND, R. E.; DURBIN, P. W. (1977), The plutonium injection cases: an update to 1977 Summary of an oral presentation at the Scientific Group Meeting on Long-Term effects of Radium and Thorium in Man, Geneva 12–16 September 1977

37 DURBIN, P. W. (1972), Pu in Man: A new look at the old data, in: Stover; Jee, (1972); siehe Anm. 12

38 DOUGHERTY, J. H. (1972), The hematologic changes induced by 239 Pu in beagles, in: Stover, Jee (1972); siehe Anm. 12

39 ICRP Publication Nr. 19 (1972), übernommen in ICRP 26 (1978) u. 30 (1979)

40 McINROY, J. F. (1976), The Los Alamos Scientific Laboratories Human Autopsy Tissue Analysis Study, in: Jee (1976); siehe Anm. 35

41 PRIEST, N. D.; HUNT, B. W. (1979), The calculation of annual limits of intake for Pu 239 in man using a bone model which allows for Pu burial and recycling, in: Phys. Med. Biol. 24, p. 525–546

42 LARSEN, R. P.; TOOHEY, R. E.; ILCEWICZ, F. H. (1976), Macro distribution of Pu in selected bones from an abnormal skeleton, in: Jee (1976); siehe Anm. 35

43 STOVER, B. (1972), Preface to «Radiobiology of Pu», in: Stover, Jee (1972); siehe Anm. 12

44 LANGHAM, W. H. (1963), Diagnosis and Treatment of Radioactive Poisoning, IAEA, p. 435, Vienna

45 BEACH, S. A.; DOLPHIN, G. W. (1964), Determination of Pu body burden from measurements of daily urine excretion, in: Assessment of Radioactivity in Man, Vol. II, IAEA, pp. 603, Vienna

46 Siehe Anm. 22 und 34

47 Siehe Anm. 29

48 LANGHAM, W. H. (1957), Excretion Methods, in: Brit. J. Radiol. Suppl. 7, p. 95–113

49 ODLAND, L. T.; THOMAS, R. G.; TASCHNER, J. C.; KAUFMANN, H. R.; BENSON, R. E. (1968), Bioassay experiences in support of field operations assocciated with wide spread dispersions of Pu, in: Kronberg, H. A.; Norwood, W. D. (eds) (1968), Diagnosis and Treatment of Deposited Radioniclides, Excerpta Med Foundation

50 SILL, C. W. (1967), Proceeding of the 12th Annual Bioassay and analytical chemistry Meeting held at Gatlinburg, Tennessee, Oct. 13/14 1966

51 RAMSDEN, D. (1976), Assessment of Pu in lung for both chronic and acute exposure conditions, in: Diagnosis and Treatment of Incorporated Radionuclides, IAEA-SR-6/9, Vienna

52 CALDWELL, R. (1966), The Detection of Insoluble Alpha Emitters in the Lung, in: Sill (1967); siehe Anm. 50

53 TOOHEY, R. E.; CACIC, C. G.; OLDHAM, R. D.; LARSEN, R. P. (1981), The Concentration of Pu in Hair following Intravenous Injection, in: Health Physics, Vol. 40, p. 881–886

54 FRY, S. A.; SUMMERLING, T. (1980), Measurement of Chest Wall Thickness for Assessment of Pu in Human Lungs, in: Health Physics, Vol. 9, p. 89–92

55 DÖRFEL, H. R. (1982), Inkorporationsüberwachung durch Direktmessung der Körperaktivität im kerntechnischen Arbeitsbereich, Bericht der 16. Jahrestagung des Fachverbandes für Strahlenschutz in München, S. 421

55a SCHMITT, A., FESSLER, H., (1976), Recent developments in lung counting of transuranium nuclides at Karlsruhe, in: Diagnosis and Treatment of Incorporated Radionuclides, IAEA, Vienna

56 LISTER, B. A. J. (1963), The problems and methods of sample assay, in: Harwell, Diagnosis and treatment of radioactive poisoning, IAEA, Vienna

57 KIEFER, H.; MÖHRLE, G. (1971), Erfahrungen bei Zwischenfällen mit Transuranen, in: Strahlenschutzprobleme beim Umgang mit Trans-Uran-Elementen, Seminar Karlsruhe, 21.–25. September 1970, Luxemburg

58 JEE, W. S. S. (1972), Distribution and toxicity of Pu 239 in bone, in: Health Physics, Vol. 22, p. 583

59 SCHMITZ-FEUERHAKE, K.; BÄTJER, K.; MUSCHOL, E. (1979), Abschätzungen zum somatischen Strahlenrisko und die Empfehlungen der ICRP Publication Nr. 26, 1977, Rö Fo 131, S. 84–89

60 BMI (1981), Berechnungsgrundlage für die Ermittlung der Körperdosis bei innerer Strahlenexposition

61 ICRP Publication Nr. 31 (1980)

61b ICRP Publication Nr. 30 (1979)

62 GOFMAN, J. W. (1980), Radiation and Human Health, San Francisco, California

63 THOMAS, R. G. (1964), Influence of aerosol properties and the respiratory pattern upon hazards evaluation following inhalation exposure, in: Assessment of Radioactivity in Man, Vol. I, IAEA, Vienna

64 IAEA Technical Report Series No. 142 (1973), Inhalation risk from radioactive contaminants, STI/DOC 10, 142, Vienna

65 AUERBACH, O.; STOUT, A. P.; HAMMOND, A. C.; GARFINKEL, L. (1961), Changes in the bronchial epithelium in relation to cigarette smoking and in relation to lung cancer, in: Joural of Medicine 265, p. 253–267

66 DAGLE, G. F.; CANNON, W. C.; STEVENS, D. L.; MCSHANE, J. F. (1983), Comparative Distribution of Inhaled 238 Pu + 239 Pu Nitrates in beagles, in: Health Physics, Vol. 44, p. 275–277

67 DIEHL, J. H.; MEWHINNEY, J. A. (1983), Fragmentation of inhaled 238 Pu O_2 particles in lung, in: Health Physics, Vol. 44, p. 135–143

68 MUGGENBURG, B. A.; GUILMETTE, R. A. (1982), Dose response studies for inhaled Pu O_2 in beagle dogs, in: Health Physics, Vol. 43, p. 118

69 NEWTON, D.; TAYLOR, B. T.; EAKINS, J. D. (1983), Differential clearance of

Pu + Am Oxide from the human lung, in: Health Physics Suppl. I, Vol. 44, p. 431–443

70 SANDERS, C. L. (1972), Deposition patterns and the toxicity of the trans-uranium elements in the lung, in: Health Physics, Vol. 22, p. 607–615

71 STATHER, J. W.; HOWDEN, S.; CARTER, R. F. (1975), A method for investigating the metabolism of the transportable fraction of Pu aerosols, in: Phys. Med. Biol. 20, p. 106

72 LEE, S. Y.; BONDIEFFI, E. A.; TAMURA, T. (1982), Dissolution characteristics of Pu contaminated soils and sediments in lung serum simulant solution, in: Health Physics, Vol. 43, p. 663–668

73 KANAPILLY, G. M.; DIEHL, J. H. (1980), Ultrafine Pu 239 O_2 Aerosol Generation, Characterization and Short Term Inhalation Study in the Rat, in: Health Physics, Vol. 39

74 BAIR, W. J. (1976), Recent animal studies on the deposition, retention and translocation of Pu and other transuranic compounds, in: Diagnosis and treatment of incorporated radio nuclides, IAEA-SR-6/101, Vienna

75 FOX, T.; TIETJEN, G. L.; McINROY, G. F. (1980), Statistical analysis of a Los Alamos Scientific Laboratory study of Pu in US autopsy tissue, in: Health Physics, Vol. 39, p. 877–892

76 BLUM, A.; KUNI, H. (1985), unter Mitarbeit von B. Splieth, Arbeitsbedingungen in nuklearen Wiederaufbereitungsanlagen, Projektbericht II, Medizin, BMFT, Projekt KWA 3309 A7 (noch unveröffentlicht)

77 HUTH, G. C.; DUGAS, D. J. (1976), The relationship of lung cancer induction to inhalation of submicron particles – either stable or radioactive, in: Jee (1976), siehe Anm. 35

78 COHEN, B. L. (1980), Comment on calculated MPC values, in: Health Physics, Vol. 39, p. 121

79 STAHLHOFEN, W. (1968), in: Schievelbein, H., Nikotin, Stuttgart, S. 285–292

80 LUCKEY, T. D. (1982), Physiological Benefits from Low Levels of Lomizing Radiation, in: Health Physics, Vol. 43, p. 771–789

81 GOFMAN, J. W. (1975), Cancer hazard from inhaled plutonium, CNR-Report; Estimated production of human lung cancer by Pu from worldwide fallout, CNR-Report, Canadian Coalition for Nuclear Responsability, Vancouver

82 GOFMAN, J. W. (1977), Cancer Hazard from Low Dose Radiation, CNR-Report

82a Siehe Anm. 63

83 RAMSDEN, D.; SPEIGHT, R. G. (1968), The mesurement of 239 Pu in vivo – a progress report, in: Kronberg; Norwood (1968); siehe Anm. 49

84 GRAUL, E. (1986), Ungelöste Probleme bei der Inkorporierung radioaktiver Substanzen, Deutsches Ärzteblatt, Heft 28/29, 14. Juli 1986

85 GRAHN, D.; FRYSTAK, B.; LEE, C.; RUSSELL, J.; LINDENBAUM, A. (1979), Dominant Lethal Mutations and Chromosome Aberrations Induced in Male Mice by Incorporated 239 Pu and by External Fisson Neutron and Gamma Irradiation, IAEA-SM-237/50, in: Biological Implications of Radionuclides released from Nuclear Industries, Vol. 1, p. 163

86 DU FRAIN, R. J.; LITTLEJIELD, G. L.; JOINER, E. E.; FROME, E. L. (1979), Human Cytogenetic dosimetry, a dose-response relationship for alpha particle radiation from 241 Am, in: Health Physics, Vol. 37, p. 279–289

87 ICRP Publication Nr. 30 (1979), Limits for Intakes of Radionuklides by Workers, Part I + Suppl to Part I

88 SULLIVAN, M. F. et al. (1983), Nutritional Influences on Plutonium Absorbtion from the Gastrointestinaltract of the Rat, in: Radiation Research 96, p. 580–591

89 COOPER, J. R. et al. (1982), Phytate may influence the absorption of Plutonium from food materials, in: Health Physics, Vol. 43, p. 912–915

90 HARRISON, J. D.; STATHER, J. W. et al. (1981), The influence of environmental factors on the gastro intestinal absorption of Plutonium and Americium, Utah

91 HAYES, R. L. et al. (1970), Radiation close to the human intestinal tract from internal emitters, in: Health Physics, Vol. 19

92 WEEKS, M. H. et al. (1956), Further Studies on the Gastrointestinal Absorbtion of Plutonium, in: Radiatoon Research 4, p. 331–347

93 Siehe Anm. 76

94 BLEANY, B. (1973), Theory and technique of alpha dosimetry with particular reference to skeleton, in: Hodge, Stannard, Hursh (1973); siehe Anm. 8

95 US Atomic Energy Commission (1969), Nuclear Materials Safegurads – a Joint Industry Government Mission, AEC Symposium on Safegurads, Research, Developement, Los Alamos Scientific Laboratory, WASH 1147, Okt. 27–29, 1969

96 Frankfurter Allgemeine Zeitung, 9.5.1986

97 OKAJIMA, S.; MINE, M.; NAKAMURA, T. (1985), Mortality of registered A-bomb survivors in Nagasaki, Japan 1970–84, in: Radiation Research 103, p. 419–431

98 JOHNSON, J. C. (1986), Health effects from fallout and radioactive contamination, Symposium Uni Bremen, Aktuelle Erkenntnisse zur Bewertung des Strahlenrisikos, 11. Okt. 1986

99 UPTON, A. C.; CHRISTENBERRY, K. W. et al. (1956), The relative biological effectiveness of neutrons, X-rays and gamma rays for the production of lens opacities (Mice, Guinea pigs, Rabbits), in: Radiology 67, p. 680–696

100 HAHN, E. W.; FEINGOLD, S. M.; SIMPSON, L. et al. (1982), Recovery from Aspermia induced by Low Dose Radiation in Seminoma Patients, in: Cancer (Phila) 50, p. 337–340

101 BEIR III (1980), The Effects on Population of Exposure to Low Levels of Ionising Radiation, Committee on the Biological Effects of Ionising Radiation, National Academy of Science

102 SCHULL, W. J.; OTAKE, M.; NEEL, J. V. (1981), A Reappraisel of the Genetic Effects of the Atomic Bombs, Summary of a 34 Year Study, Technical Report RERF TR 7–81, Radiation Effects Research Foundation

103 Siehe Anm. 58

104 BENSTED, J. P. M.; TAYLOR, D. M.; SOWBY, F. D. (1965), Brit. J. Radiol. 38, p. 920

105 GRAUL, H. E. (1986), Deutsches Ärzteblatt 36, Heft 28/29, 14. Juli 1986

106 POPESCU, H.; LANCRANJAN, I. (1975), Spermatogenesis Alteration During Protracted Irradiation in Man, in: Health Physics 28, 567–573

107 SAS, M.; SZOELLOESI, J. (1979), Impaired Spermatogenesis as a Common Finding among Professional Drivers, in: Arch. Androl. 3, p. 37–60

108 LEVINE, R. J.; BLUNDEN, P. B.; DAL CORSO, R. D.; STARR, T. B. et al. (1983), Superiority of reproductive histories to sperm counts in detecting infertility in Dibromochloropropane manufacturing plant, in: J. Occupat. Med. 25, p. 591–597

109 SHEEHAN, P. M. E.; HILLARY, I. B. (1983), An unusual cluster of babies with Downs syndrome borne to former pupils of an Irish boarding school, in: Brit. Medical Journal 287, p. 1428–1429

110 UCHIDA, I. A.; HOLUNGA, R.; LAWLER, C. (1968), Maternal irradiation and chromosome aberrations, in: Lancet 2, p. 1045–1049

111 ALBERMANN, E.; POLANI, P. E.; FRASER ROBERTS, J. A.; SPICER, C. C. et al. (1972), Parental exposure to x-radiation and Downs syndrome, in: Annals of Human Genetics, London, 36, p. 195–208; dies., Parental X-radiation and chromosomal constitution in the spontaneously aborted foetuses, in: Annals of Human Genetics, London, 36, 185–194

112 GOFMAN, J. W. (1981), Radiation and Human Health, San Francisco, California

112b BRANDOM, W. V.; SACCOMANNO, G. et al. (1976), Somatic cell chromosome and sputum cell cytology in humans exposed to 222 Rd and 239 Pu, Progress Report DOE Contract E 2902–3649, Golden C.O.

113 NEEL, J. V.; KATO, H.; SCHULL, W. J. (1974), Organ dose estimates for the Japanese atomic bomb survivors, in: Health Physics Vol. 28, p. 367–381

114 Siehe Anm. 112

115 BROSS, I. D. (1983), Letter to the Editor regarding «Genetic effects of the atomic bombs: A reappraisal» by Schull et al., in: Health Physics 44, p. 283–285

115a EHLING, H. U. (1986), Die Abschätzung des genetischen Risikos strahlenexponierter Personen, Vortrag im Seminar: Aktuelle Erkenntnisse zur Bewertung des Strahlenrisikos, Univ. Bremen, 11. 10. 1986

116 MILLER, R. W.; MULVIHILL, J. J. (1976), Small head size after atomic irradiation, in: Teratology 14, p. 355–357

116a TRAUT, H. (1986), Neuere Ergebnisse zur Linearität der Dosis-Wirkungsbeziehung strahleninduzierter Mutationen – Untersuchungen an menschlichen Zellen im Niedrigdosisbereich, Inst. für Strl. Biologie, Univ. Münster, Seminarvortrag, siehe Anm. 115a

117 BITHELL, J. F.; STEWARD, A. M. (1975), Pre-natal irradiation and Childhood Malignancy, A Review of British Data from the Oxford Survey, in: Br. J. Cancer 31, p. 271–287

117a MUKAI, T. (1986), Effects of radiation induced mutations on viability of drosophila melanogaster, Dept. of Biol. Kyushu Univ. Japan, Seminarvortrag, siehe Anm. 115a

118 GAO Report (1980), Problems in Assessing The Cancer Risks Of Low-Level Ionizing Radiation Exposure, General Accounting Office, Vol. I und II

118a ADAM, G. (1986), Neuere Ergebnisse über genetische Strahlenschäden beim Menschen, Der Strahlenrundbrief Nr. 4, Univ. Bremen

119 CONARD, R. A. et al. (1975), A twenty year review of medical findings in a marshallese population accidentally exposed to radioactive fallout, Brookhaven National Laboratory, zitiert nach GAO Report (1980); Siehe Anm. 118

119a KROKOWSKI, E. (1983), Radiotherapie zur Schmerzbekämpfung, Bericht über den 33. Fortbildungskongreß Kassel, 2.–9. 10. 1983, Akademie f. ärzt. Fort- und Weiterbildung Bad Nauheim

120 MODAN, B.; RON, E.; WERNER, A. (1977), Thyroid cancer following scalp irradiation, in: Radiology 123, p. 741–744

121 Siehe Anm. 84 und 105

122 VAN KAICK, G.; LIEBERMANN, D.; LORENZ, W. et al. (1983), Recent Results of the German Thorotrast Study – Epidemiological Results and Dose Effect Relationship in Thorotrast Patients, in: Health Physics, Vol. 44, Suppl. I, p. 299–306

123 MOLE, R. (1978), The radiobiological Significance of the Studies with 224 Ra and Thorotrast, in: Health Physics, Vol. 35, p. 167–174

124 MAYS, C. W. (1979), Liver Cancer Risk, IAEA-SM-237/42, in: Biological Implications of Radionuclides released from Nuclear industries, Vol. II, IAEA, p. 147–165

125 CALDWELL, G.; KELLEY, D.; HEATH, C. JR. (1980), Leukemia among participants in military maneuvers at a nuclear bomb test, in: Journal of the American Medical Association, JAMA, Vol. 244, p. 1575–1578

126 LYON, J.; GARDNER, J.; WEST, D.; SCHUSSMAN, L. (1979), Further information on the association of childhood Leukemias with atomic fallout from nuclear testing, in: New England Journal of Medicine, Vol. 300

127 Siehe Anm. 98

128 POHL-RÜLING, J.; FISCHER, P.; POHL, E. (1976), Chromosome Aberrations in Peripheral Blood Lymphocytes Dependent on Various Dose Levels of Natural Radioactivity, IAEA-SM-202/701, in: Biological and Environmental Effects of Low Level Radiation, Vol. I, p. 317–324

129 KOCHUPILLAI, N.; VERMA, I. C. et al (1976), Downs syndrome and related abnormalities in an area of high background radiation in coastal Kerala, in: Nature 262, p. 60–61

130 MILHAM, S. (1976), Occupational Mortality in Washington State 1950–1971, HEW Publication (NIOSH) 76–175–A, Washington D.C., Vol. I, p. 29–30

131 KOHN, H. (1983), Wer tötete Karen Silkwood? Frankfurt a. M.

132 MANCUSO, T. F.; KNEALE, G. W.; STEWARD, A. M. (1978), Reanalysis of data relating to the Hanford study of cancer or risks of radiation workers, in: Late biologic effects of ionizing radiation, IAEA, Vol. 1, p. 387–410, Vienna

133 GILBERT, E.; MARKS, S. (1979), An Analysis of the Mortality of Workers in a Nuclear Facility, in: Radiation Research 79, p. 122–148; dies. (1980), An Updated Analysis of Mortality of Workers in a Nuclear Facility, in: Radiation Research 83, p. 740–741

134 KATO, H.; HIRROO; SCHULL, W. J.; WILLIAM, J. (1982), Studies of the mortality of A-Bomb survivors, Part I, cancer mortality, in: Radiation, Research, 90, p. 315–432

135 BEEBE, G. W.; KATO, H.; LAND, C. (1978), Studies of the mortality of the A-bomb survivors I, Part VI, Mortality and radiation dose, Radiation research 75

136 JOHNES, T. D. et al. (1975), In vivo estimates for A-bomb survivors shielded by typical Japanese houses, in: Health Physics Vol. 28, p. 367–381

137 KERR, G. D. (1979), Organ dose estimates for the Japanese atomic A-bomb survivors, in: Health Physics Vol. 37, p. 487–508

138 LOEWE, MENDELSON (1981), Revised dose estimates at Hiroshima and Nagasaki, in: Health Physics Vol. 41

139 Report of the National Institute of Health, Jan. 1985, NIH Publ. 85-2748

140 LAND, C. E. (1980), Estimating Cancer Risks from low Doses of Ionising Radiation, in: Science 20, p. 1197-1203

141 RADFORD, E. P. (1980), Human Health Effects of Low Doses of Ionising Radiation: The BEIR III Controversy, in: Radiation Research 84, p. 369-394

142 BOICE, J. D.; MONSON, R. R. (1977), Breast cancer in women after repeated fluoroscopic examinations of the chest, in: J. Nat. Cancer Inst. 59, p. 823-832

143 SHORE, E.; HEMPELMANN, M. D.; KOWALUK, E.; MANSUR, P. S. et al. (1977), Breast neoplasmas in Women treated with X-rays for acute post partum mastitis, in: J. Nat. Cancer Inst. 59, p. 813-822

144 KELLERER, A. M. (1985), Die neuen Dosisabschätzungen für Hiroshima und Nagasaki..., in: Strahlenschutz in Forschung und Praxis, Bd. XXV, Stuttgart, S. 2-17

145 HOEPKER, W. W.; BURCKHARD, H. U. (1984), Unsinn und Sinn der Todesursachenstatistik, in: Dtsch. Med. Wochenschrift 109, S. 1269-1274

146 KRUEGER, E. (1985), Die Latenzzeitverteilung bis 1981 für strahleninduzierte Leukämie bei Atombombenopfern in Hiroshima und ihre Auswirkung für Risikomodelle..., in: Strahlenschutz in Forschung und Praxis, Bd. XXV Stuttgart, S. 220-228

147 Siehe Anm. 59

148 BAUM (1977), Cancer risk estimates and neutone RBE based on human exposure, Proc. 9th int. Congress, IRPA Paris, 1977/19-722

149 ROTBLAT, J. (1978), Risk factor for radiation induced leukemia among Early Entrants to Hiroshima, in: Radiation Standards and Public Health, Proc. of a second congressional Session on Low Level Ionizing Radiation

150 Siehe Anm. 76

151 Siehe Anm. 141

152 Siehe Anm. 62, S. 495

153 HARLEY, J. H. (1971), Worldwide fallout from weapon tests, Los Alamos Report Nr. 4756

154 COLEMAN, R. (1984), Accidents, Leaks, Failures and other incidents in the nuclear industry, Report prepared in the office of Senator R. Coleman, Unit 6, 294 Great Eastern Highway, Midland 6056, Australia

154a POLLOCK, RICHARD (1979), Transport accidents on the rise, CMJ Nuclear Transportation Pullout, January 1979

154b Beförderung radioaktiver Stoffe, in: Fachzeitschrift Labor 5/1982

154c AARKOOG, A.; DAHLGAARD, H.; NILSSON, K. (1984), Further Studies of Plutonium and Americium at Thule, Greenland, in: Health Physics, Vol. 46

154d Der Spiegel, Nr. 42/1986

155 JUNGK, ROBERT (1986), Der vergiftete Himmel – Plutonium im Weltraum, in: Bild der Wissenschaft, 7/1986

156 GEIRINGER, ERICH (1985), Malice in Blunderland, an anti nuclear primer, Takapuna, Aukland/New Zealand, S. 86

157 HUNT, D. C. (1971), Restricted Release of Pu-Part 1, Observational Data, in: Nuclear Safety, Vol. 12, No. 32

158 TUCKER, K.; WALTERS, E. (1979), Plutonium at the working place, (Health and Safety Procedures for workers at the Kerr-McGee Plutonoum Fuel Fabrication Facility), Environmental Policy Institute, USA

159 COMEY, D. D. (1975), The incident at Browns Rerry, San Francisco

160 MEYER, K. F. (1962/63), Unfälle in Verbindung mit radioaktiven Substanzen (Strahlenunfälle aus der Sicht polizeilicher Interessen), Schriftenreihe des Bundeskriminalamtes, 4301–4302, BKA – Wiesbaden

161 Siehe Anm. 57

162 Siehe Anm. 13

163 The wasteful truth about Soviet Nuclear Disaster, in: New Scientist, 10. 1. 1980

164 BORN, H. P. (Vereinigte E-Werke AG) (1983), Kernenergie in der Sowjetunion – aktueller Stand und Perspektiven, in: Atomwirtschaft, Dez. 83, S. 645 ff.

164a GANZ, M.; FEIGE, G.; SCHMIDT, L.; BRANDT, R. (1986), Bericht zu aktuellen Untersuchungen bezüglich der Uran- bzw. Plutoniumkontamination des Regenwassers in Marburg nach dem Reaktorunglück von Tschernobyl, Kerntechnisches Institut der Universität Marburg

165 MURRAY, C. N. et al. (1978), Actinides Entering the North Sea, in: Health Physics

166 IRLWECK, K.; FRIEDMANN, C.; SCHÖNFELD, T. (1980), Plutonium in the lungs of Austrian residents, in: Health Physics, Vol. 39, p. 95–99

167 MUSSALO-RAUHAMAA, H.; JAAKKOLA, T.; MIETTINEN, J. K.; LAIHO, K. (1984), Plutonium in finnish lapps – an estimate of the gastrointestinal absorbtion of Plutonium by man, in: Health Physics, Vol. 46, p. 549–559

168 BUNZEL, K.; KRACKE, W. (1983), Fallout 239/240 Pu and 238 Pu in human tissues from the Federal Republic of Germany, in: Health Physics, Vol. 44, Suppl. No. 61, p. 441–449

169 McLEOD, K. W.; ALBERTS, J. J.; ADRIANO, D. C.; PINDER, J. E. (1984), Plutonium contents of broadleaf vegetable crops grown near a nuclear fuel chemical separations facility, in: Health Physics, Vol. 46, p. 261–267

170 BUNZEL, K.; KRACKE, W. (1981), Concentrations of 239 Pu, 137 Cs, 90 Sr in honey, in: Health Physics, Vol. 41

171 HÜBNER, FRY (1980); siehe Anm. 13

172 SEELENTAG, W. (1971), Two cases of Tritium fatalities, in: Moghissi, A. A., Reprint from Tritium, Las Vegas, Nevada

173 JAMMET, H. et al (1980), The Algerian Accident, in: Hübner, Fry (1980); siehe Anm. 13

174 EWE, TH. (1986), Der Reaktorunfall, in: Bild der Wissenschaft, 7/1986

175 SERGER, B. (1982), Genug Plutonium für eine Atombombe, Frankfurter Rundschau, 19. 11. 1982

176 Plutonium missing from nuclear weapons plant, Financial Review, 21. 8. 1979, Australia

177 Mistery of the missing Plutonium, Sydney Morning Herald, 7. 5. 1977, Australia

178 WALD, GEORGE (1978), Leben in einer letalen Gesellschaft, Vortrag 26. Juni 1978, Lindau, Tagung der Nobelpreisträger

179 Bundesverfassungsgericht, in: Neue juristische Wochenschrift, 1979, S. 359 ff.

180 VILMAR, K. (1986), Anzeige: Die Elektrizitätswirtschaft informiert. Die Bundesärztekammer zu Tschernobyl, Frankfurter Rundschau, 12. 6. 1986

181 Die Strahlenbelastung bei einer Notlage, Übersetzung der NCRP-Empfehlungen 1965, Kernforschungsanlage Jülich, Jül-TR-40

182 VAHRENHOLT, F., Katastrophenschutz in Deutschland: Ratlos? in: Bild der Wissenschaft 7/1986

183 Siehe Anm. 26

184 Siehe Anm. 18

185 JACOBI, W. (1979), Neue Konzepte des Strahlenschutzes, in: Medizinische Physik 1979, S. 13–36

186 BENDA, E. (1981), Technische Risiken und Grundgesetz, in: Energiewirtschaftliche Tagesfragen 31, (11/12)

187 ICRP Publication 9 (1968), S. 15

188 ICRP Publication 22

189 BLUM, A. (1986), Bericht zum Gutachten über Arbeitsbedingungen in Wiederaufbereitungsanlagen – medizinischer Teil, Vortrag, Seminar Strahlenrisiko, Universität Bremen; siehe auch Anm. 115a

190 Siehe Anm. 76

191 JAKOBI, W. (1978), Das neue System der Dosisbegrenzung, Jahrestagung Fachverband für Strahlenschutz, Radioaktivität und Umwelt, Oktober 1978, S. 402–433

192 Strahlenschutzverordnung (1976), Verordnung über den Schutz vor Schäden durch ionisierende Strahlung vom 13. 10. 1976, BGBl I, S. 2905; 1977

193 Der Spiegel, Nr. 10, 1977, S. 92 ff.

194 Science 186, p. 125 (1974)

195 Bayerisches Landessozialgericht, München, vom 5. 12. 84, L2/Kn 14/77 U

196 Siehe Anm. 138

197 Siehe Anm. 149

198 Siehe Anm. 139

199 Siehe Anm. 22

200 Siehe Anm. 59

201 ICRP Publication 31 (1980), International Commission on Radiological Protection, Biological Effects of Inhaled Radionuclides, p. 85

202 ICRP Publication 26 (1977), Internationale Strahlenschutzkommission, Empfehlungen der Internationalen Strahlenschutzkommission

203 Siehe Anm. 191

204 Siehe Anm. 141

205 CRISTY, M. (1982), Representative Breast Size of Reference Female, in: Health Physics, Vol. 43, p. 930–932

206 Siehe Anm. 1

207 JAKOBI, W. (1979), Neue Konzepte des Strahlenschutzes, in: Mediz. Physik, 1979, S. 13–36

208 BECK, T.; WENDELING; SCHRÖDER, U. (1985), Der Arbeitnehmer als Risikofaktor – Arbeitsbedingungen in der Nuklearindustrie, WSI Mitteilungen 12/85

209 (1977), Empfehlung der Strahlenschutzkommission, Allgemeine Berech-

nungsgrundlagen für die Bestimmung der Strahlenexposition durch radioaktive Einleitung in Oberflächengewässern

210 Gemeinsames Ministerialblatt, Der Bundesminister des Inneren, RS: Reaktorsicherheit... Strahlenschutz, Nr. 21, 15. August 1979

211 BMFT Journal, Nr. 2, Juni 86, S. 11

212 Natur 7/1986, S. 23

213 Siehe Anm. 48

214 Altmühlbote, 30./31. 8. 1986

215 In These Times, March 22–28, 1978 (Australian newspaper), The Mancuso story

216 UNSCEAR Report (1972), p. 62, § 304

217 DIESENDORF, M. O. et al. (1972), La Recherche No. 26, S. 771, 806; dies. (1973), La Recherche No. 30

218 Siehe Anm. 202

219 LINDOP, P. (1972), in: New Scientist, p. 294

220 BAIR, W. J.; THOMPSON, R. C. (1974), Plutonium – Biomedical Research, in: Science 183, p. 715–722

221 Tschernobyl, der Streit geht weiter, in: Arzt heute, 28. 5. 1986, S. 2

222 Hannah Arendt (1972), Wahrheit und Lüge in der Politik, München

223 Die Zeit, 16. 5. 1986

224 Die Bundesgesundheitsministerin informiert: Nach Tschernobyl, Antworten auf 21 Fragen (Sonderdruck) (1986)

225 Der Spiegel, Nr. 23/1986, Eine Denkpause könnten wir uns leisten

226 Der Super GAU (1986), Tschernobyl und die Folgen (Sonderausgabe), Atom-Radi Aktiv, Juli 86, hg. von der Landeskonferenz bayerischer Anti-AKW-Bürgerinitiativen

226a RUBINI, R.; CRONKITE, E. P.; BOND, P. V.; FLIEDNER, T. M. (1960), The Metabolism and Fate of Tritiated Thymidine in Man, in: Journal of Clinical Investigation, Vol. 39, p. 909–918

227 BMI (1983), Informationen über die Tätigkeit der Strahlenschutzkommission, hg. anläßlich ihrer 50. Sitzung, 8. Dez. 1983

228 FINK, U.; WAHRLICH, H. (1986), Schützen uns die Strahlenschützer? in: Öko-Test, Juli 1986

229 RAUSCH, L. (1979), Strahlenrisiko, München

230 SCHMIDBAUER, WOLFGANG (1986), Was tun mit der Angst, in: Natur 7/1986

231 SPLIETH, B. (1986), Keine akute Gefährdung durch Radioaktivität? Über die Schwierigkeit, eine unbedenkliche Strahlendosis festzulegen, in: Vorgänge, Heft 4, Juli 1986

232 Aus Forschung und Technik (ZDF), 12. 12. 1977

233 BOND, V. P. (1978), Comments on Statements made by Dr. Ernest Sternglass, in: Radiation Standards and public health, Congressional Seminar on low level ionizing radiation, 18. Febr. 1978.

234 MORGAN, K. Z. (1975), Suggested Reduction of Permissable Exposure of Plutonium and other Transuranium Elements, in: American Industrial Hygiene Assoc. Journal, Vol. 36, p. 567–575

235 MÜNCH, E.; RENN, O. (1982), Technisches Risiko und gesellschaftliche Wahrnehmung, in: Energiewirtschaftliche Tagesfragen, 32 Jg., Heft 9, S. 737 ff.

236 YASNO NAKAGAWA, D. E. (1985), Casual link between an increase in infant
     deaths and total amount of radioactivity in the accident at Three Miles Island,
     in: International Perspectives of Public Health, Vol. 2, Iss. 1; Macleod, G.
     (1980), TMI and the politics of public health, Physicians for Social Responsi-
     bility PSR, 22.11.1980
237 Unterrichtshilfe Radioaktivität und Umwelt (Hamburgische Elektrizitäts-
     werke AG), S. 105
238 SCHEER, JENS (1986), Wie viele sterben in der BRD nach Tschernobyl? Uni-
     versität Bremen, Fachbereich I (Physik/Elektrotechnik)
239 GOFMAN, J. W.; TAMPLIN, A. R., Epidemiologic studies of carcinogenesis by
     ionizing radiation, Proc. 6th Berkeley Symposium on mathematical statistics
     Berkeley, Calif.
240 BLUM, A. (1986), Die Strahlenschutzverordnung im Licht neuerer Erkennt-
     nisse, Dissertation (Nuklearmedizin), Universität Marburg

Roald Dahl

Buch der Schauergeschichten
Deutsch von Nils-Henning von Hugo,
Ilse Strasmann und Benjamin Schwarz.
256 Seiten. Gebunden

«Leises Knacken im Dachgebälk wird man
nach den exquisiten Storys leicht für ein
Klopfen aus dem Jenseits halten. Aber
Gruseln ist gesund!»
Welt am Sonntag

Konfetti
Ungemütliches + Ungezogenes.
Deutsch von Barbara Uhl und
Heinrich Maria Ledig-Rowohlt.
108 Seiten. Gebunden

Siebenmal Gereimtes und Ungereimtes:
ein neuer Dahl für Anfänger und
Fortgeschrittene.

Georgy Porgy.
Gesammelte Erzählungen
Deutsch von Wolfheinrich von der Mülbe,
Hans-Heinrich Wellmann und
Fritz Güttinger.
446 Seiten. Gebunden

«Schrecken, Lust und Lächeln, und diese
schöne, makabre Welt. Dergleichen wird
selten geboten. Man kann vor diesem
Buch nicht genug warnen, es ist schreck-
lich unseriös und sooo gut.»
Welt am Sonntag

C 2267/1

Industrie & Ökologie

Herausgegeben
von
Freimut Duve

C 2266/2 a

5539   5640

Bücher zum Frieden

Herausgegeben
von
Freimut Duve

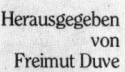

C 2041/9a

Großformat 5237   5554

Bücher zum Frieden

Herausgegeben
von
Freimut Duve

C 2041/10

Großformat 5237   5554

Die Entzauberung der Fortschrittsmythen

Bücher von IVAN ILLICH bei Rowohlt

«Werbung für Arkadien ist mir ebensowenig wünschenswert
wie die Planung Utopiens. Durch vernakuläre Lebens-
kunst gestaltete Existenz betrachtete ich nicht als heile Welt,
frei von Elend, Plage und Grausamkeit: ich werbe hier
nicht für den Traum von neuen Hochkulturen, die in ihren
ökologischen Nischen aus eigenem Reis, Rhythmus und
Ritual gewoben werden sollen. Wer zurück will, den halte ich
für einen Verführer, für den gerade in den achtziger
Jahren weitere Kreise immer anfälliger werden.»

Ivan Illich: Vom Recht auf Gemeinheit

5343   5246   4425   4629

4834   4829   5131   5640

C 856/14

Arbeit/Arbeitslosigkeit

Herausgegeben
von
Freimut Duve

C 2007/10

Politische Atlanten im Großformat

rororo aktuell 5031
316 Karten

rororo aktuell 5237
40 vierfarbige Karten

rororo aktuell 4726
Über 60 vierfarbige Schaubilder

rororo aktuell 5445
57 vierfarbige Karten

Herausgegeben von
Freimut Duve

C 2087/2